Burkhardt/Kostede/Schumacher
Buchen nach Belegen

AF635171

Zusätzliche digitale Inhalte für Sie!

Zu diesem Buch stehen Ihnen kostenlos folgende digitale Inhalte zur Verfügung:

- Online-Buch ✓
- Buch als PDF
- Online-Training
- Zusatz-Downloads ✓
- App
- Digitale Lernkarten

Schalten Sie sich das Buch inklusive Mehrwert direkt frei.

Scannen Sie den QR Code **oder** rufen Sie die Seite **www.kiehl.de** auf. Geben Sie den Freischaltcode ein und folgen Sie dem Anmeldedialog. Fertig!

Ihr Freischaltcode

WBJX-MUKA-ZTVV-LGIE-KWEA-T

Buchen nach Belegen

DATEV SKR 03/04

Von
Dipl.-Hdl. Fritz Burkhardt,
Dipl.-Hdl. Wilhelm Kostede und
Dipl.-Hdl./Dipl.-Kfm. Bernt Schumacher

5., überarbeitete und erweiterte Auflage

kiehl

ISBN 978-3-470-**53895**-2 · 5., überarbeitete und erweiterte Auflage 2021

Kiehl ist eine Marke des NWB Verlags

Satz: SATZ-ART Prepress & Publishing GmbH, Bochum
Druck: Stückle Druck und Verlag, Ettenheim

Vorwort

„Buchen nach Belegen“ verfolgt mehrere Ziele:

- Das Erlernen und Vertiefen vorhandener Buchführungskenntnisse anhand zahlreicher Belege
- Das Erlernen und Vertiefen des DATEV-Buchungssystems anhand der DATEV-Kontenrahmen SKR 03 und SKR 04
- Hilfestellung geben in der täglichen praktischen Arbeit hinsichtlich der richtigen Buchung sowohl einfacher als auch komplizierterer Vorgänge aufgrund von Musterlösungen.

„Keine Buchung ohne Beleg!“ heißt es in der Buchhaltung. In diesem Buch steht der Buchungsbeleg im Mittelpunkt der Betrachtung. Typische Geschäftsvorfälle aus der Praxis werden in Form von Belegen vorgestellt, auf eine nähere Erläuterung der Belege wird bewusst verzichtet.

Das ist der erste Schritt, um zu einer korrekten Buchung zu kommen, der Beleg muss erst einmal inhaltlich erfasst werden. Erst anschließend wird der Buchungssatz gebildet, zunächst in traditioneller Form in Grund- und Hauptbuch, anschließend wird dann die DATEV-Buchung gebildet. Der beigefügte Kontenplan, getrennt nach SKR 03 und SKR 04, steht dafür zur Verfügung. Für eigene Übungen finden Sie auf S. 273 eine Blanco-Seite als Kopiervorlage, um Buchungen zu notieren. Wir empfehlen natürlich, zunächst selber die Buchung zu entwickeln, bevor die auf der Rückseite des Belegs zu Rate gezogen wird. Zusätzlich zu den Buchungen gibt es bei zahlreichen Belegen ausführliche Erläuterungen zum besseren Verständnis.

Die vorliegende 5. Auflage folgt dem bewährten Konzept der vorhergehenden Auflagen. Sie wurde gründlich überarbeitet und aktualisiert. 26 neue Belege, überwiegend aus den Bereichen

- Steuern und Abgaben
- Handel innerhalb der EU
- Im- und Exporte
- Abschreibungen

sind hinzugekommen. Die Kontenpläne wurden entsprechend erweitert, können aus dem Band herausgetrennt werden und liegen ebenso wie die Kopiervorlage für die Buchungen als Download in mein**kiehl** vor.

Die Reihenfolge der Belege folgt der Anordnung des Stoffes in fast allen Lehrplänen und dem methodischen Prinzip „Vom Einfachen zum Schwierigen“.

Mithilfe des ausführlichen Inhaltsverzeichnisses kann „Buchen nach Belegen“ auch als Nachschlagewerk verwendet werden.

Fritz Burkhardt, Wilhelm Kostede und Bernt Schumacher
Hamburg und Herne, Frühjahr 2021

Benutzungshinweise

Diese Symbole erleichtern Ihnen die Arbeit mit diesem Buch:

TIPP

Hier finden Sie nützliche Hinweise zum Thema.

MERKE

Das X macht auf wichtige Merksätze oder Definitionen aufmerksam.

ACHTUNG

Das Ausrufezeichen steht für Beachtenswertes, wie z. B. Fehler, die immer wieder vorkommen, typische Stolpersteine oder wichtige Ausnahmen.

INFO

Hier erhalten Sie nützliche Zusatz- und Hintergrundinformationen zum Thema.

RECHTSGRUNDLAGEN

Das Paragrafenzeichen verweist auf rechtliche Grundlagen, wie z. B. Gesetzestexte.

MEDIEN

Das Maus-Symbol weist Sie auf andere Medien hin. Sie finden hier Hinweise z. B. auf Download-Möglichkeiten von Zusatzmaterialien, auf Audio-Medien oder auf die Website von Kiehl.

Feedbackhinweis

Kein Produkt ist so gut, dass es nicht noch verbessert werden könnte. Ihre Meinung ist uns wichtig.
Was gefällt Ihnen gut? Was können wir in Ihren Augen verbessern? Bitte schreiben Sie einfach eine E-Mail an: **feedback@kiehl.de**

AB	Anfangsbestand
abzgl.	abzüglich
AR	Ausgangsrechnung
AV	Anlagevermögen
BA	Betriebsausgaben
BGA	Betriebs- und Geschäftsausstattung
BIC	Business Identifier Code/Geschäftskennzeichen
BÜ	Banküberweisung
Dispo	Dispositionskredit
d. J.	dieses Jahres
e. K.	eingetragener Kaufmann
ER	Eingangsrechnung
EStG	Einkommensteuergesetz
GbR	Gesellschaft bürgerlichen Rechts
GewSt	Gewerbesteuer
GuV	Gewinn und Verlust
GWG	Geringwertige Wirtschaftsgüter
H	Haben
HAMBA	Hamburger Bank
IBAN	Internationale Bankkontonummer
i. d. R.	in der Regel
Inh.	Inhaber
KiSt	Kirchensteuer
LSt	Lohnsteuer
lt.	laut
MwSt	Mehrwertsteuer
Nr.	Nummer
RE	Rechnung
S	Soll
Sa.	Saldo
SKR	Standardkontenrahmen
StBVV	Steuerberatervergütungsverordnung
ÜBW	Überweisung
USt	Umsatzsteuer
UStG	Umsatzsteuergesetz
USt-Id-Nr.	Umsatzsteuer-Identifikations-Nummer
Verb.	Verbindlichkeiten
vgl.	vergleiche
v. J.	vorigen Jahres
vwL	vermögenswirksame Leistungen
VZ	Vorauszahlung
Wj.	Wirtschaftsjahr
z. B.	zum Beispiel

Das Unternehmen stellt sich vor!

Bei dem Einzelunternehmen **INTER-FASHION** handelt es sich um einen international tätigen Bekleidungsgroßhandel für Damen-, Herren- und Kinderbekleidung.

Das Unternehmen hat seinen Sitz in Reinbek bei Hamburg.

Alleiniger Inhaber des Unternehmens ist Tobias Münster.

Herr Münster ist verheiratet mit Tatjana Münster.

Die Eheleute Münster wohnen in einem Einfamilienhaus im Eichenbusch Nr. 3 in Reinbek.

Ihre gemeinsame Tochter Claudia lebt in einem gemieteten Apartment in Hamburg, für das die Eltern die monatliche Miete zahlen.

Die **Anschrift** des Unternehmens lautet:
INTER-FASHION
Inhaber Tobias Münster e. K.
Rathausstraße 32
21465 Reinbek

Die Postanschrift des Unternehmens lautet:
INTER-FASHION
Postfach 11 06
21451 Reinbek

Das Unternehmen hat folgende **Bankverbindung:**
Hamburger Bank (BLZ 200 505 50), Konto-Nr. 1251/123 400
IBAN: DE17 2005 0550 1251 1234 00

Das Unternehmen wird beim **Finanzamt** Stormarn in 23840 Bad Oldesloe unter der Steuer-Nr. 1234567890 geführt.

Umsatzsteuer-Voranmeldung und Lohnsteueranmeldung werden monatlich abgegeben.

Die Umsatzsteuer-Identifikations-Nummer lautet DE 1 4444 7781.

Die vorliegenden **Belege** beziehen sich jeweils auf das laufende Wirtschaftsjahr 20.., wobei das Wirtschaftsjahr dem Kalenderjahr entspricht.

Wenn sich Daten auf das Vorjahr beziehen, betrifft das das Jahr 20.. (-1), wenn sich Daten auf das kommende Wirtschaftsjahr beziehen, wird das Jahr mit 20.. (+1) bezeichnet.

Das Unternehmen wird auf einem eigenen **Betriebsgrundstück** in Reinbek in der Rathausstraße 32 betrieben. Am 20.09.20.. wurde das Nachbargrundstück zwecks Betriebserweiterung erworben.

Da die betrieblichen Räume zum Teil nicht ausreichen, wurden einige Büroräume sowie Lagerräume angemietet.

Zeitweilig wurden eigene Lagerräume vermietet.

Der **Hauptzweck** des Unternehmens ist der Handel mit hochwertiger Damen-, Herren- und Kinderbekleidung. Folgende Markenartikel werden von INTER-FASHION exklusiv angeboten:

- Damenbekleidung Hugge
- Herrenbekleidung bossi, lewis, brunetty und sun
- Kinderbekleidung Elefant und Hugge

Verkauft wird ausschließlich an den Einzelhandel.

Die **Kunden** des Unternehmens sind:

- Adams Shop, Herrenoberbekleidung, Hamburg
- A & C, Bekleidungsunternehmen, Hamburg
- Friedrich Habbe, Damen- und Herrenoberbekleidung, Minden
- Jennys Boutique, Bekleidungshandel, Leipzig
- Juliane Reckewig, Bekleidungsunternehmen, Berlin
- Maria Walorska, Warschau (Polen)
- Zwickel, Boutique, Weißenburg (Frankreich)
- MFO Import & Export, Zürich (Schweiz).

Die **Lieferanten** des Unternehmens sind:

- Paul Bossi, Herrenmoden, Hannover
- Guildo Brunetty, Herrenmoden, Bozen (Italien)
- Erwin Hugge, Damen- und Kinderoberbekleidung, Lübbecke
- Fritz Wilhelmy, Herrenoberbekleidung, Hamburg
- CH Outdoor Kleidung, Zürich (Schweiz).

Für die Buchhaltung des Unternehmens wird der beigefügte **Kontenplan** verwendet, der nach den Original-DATEV-Kontenrahmen SKR 03 und SKR 04 für das Unternehmen erstellt wurde.

Im Rahmen der Buchführung ist weiterhin zu beachten:

Bei Käufen und Verkäufen im Zusammenhang mit Kunden und Lieferanten werden i. d. R. auch die ausgestellten und empfangenen Rechnungen gebucht und zwar über die Debitoren- bzw. Kreditorenkonten.

Das ist bei Kostenrechnungen nicht der Fall. Dort wird i. d. R. der Sachverhalt bei Begleichung der Rechnung gebucht. In Ausnahmefällen kann das aber auch anders sein, um z. B. die Vorsteuer im Monat der Rechnungsstellung geltend machen zu können. Dann ist die Rechnung mithilfe des Kontos Verbindlichkeiten ohne Kontokorrent zu buchen.

Bei Käufen oder Verkäufen von AV gilt, dass die ein- bzw. ausgehenden Rechnungen gebucht werden, unabhängig von der Zahlung. Auch in diesen Fällen ist über Verbindlichkeiten ohne Kontokorrent bzw. Forderungen ohne Kontokorrent zu buchen.

Im Rahmen der gesetzlichen Bestimmungen ist Herr Münster bestrebt, den geringst möglichen Gewinn auszuweisen.

1. Wareneinkauf

Beleg 1: Eingangsrechnung

Wie ist zu buchen?

Erläutern Sie den Unterschied zwischen Wareneinkaufs- und Warenbestandskonto.

bossi
herrenmoden
Inh. Paul Bossi

Merolingerstraße 39 • 30336 Hannover
Telefon (0511) 37 12 00 • E-Mail: info@bossi-herren.de

bossi-herrenmoden, Postfach 10 21 30, 30095 Hannover

INTER-FASHION
Bekleidungsgroßhandel
Im- und Export
Postfach 11 06
21451 Reinbek

Auftrags-Nr.	Tag der Lieferung	Kunden-Nr.	Rechnungs-Datum
237688	26.04.20..	32476	26.04.20..

Rechnung-Nr. 020422

Wir lieferten Ihnen am 26.04.20.. frei Haus:

Menge	Artikel	Einzel-Preis	Gesamt
100	Herrenhosen, 100 % Baumwolle, Sondermodell Traveler sortiert, Größen 46 - 56	80,00 €	8.000,00 €
40	Sakkos, reine Schurwolle, Modell „bossi", Farbe bordeaux, Größen 48 - 52	250,00 €	10.000,00 €
	insgesamt		18.000,00 €
	19 % Umsatzsteuer		3.420,00 €
	Rechnungsbetrag		21.420,00 €

Wir danken für Ihren Auftrag!

Der Betrag ist zahlbar innerhalb von 30 Tagen netto Kasse

Unsere Steuernummer: 1234567890
Bankverbindung: IBAN: DE82 2507 0007 0001 9008 00

Buchung zu Beleg 1: Eingangsrechnung

a) **Grundbuch**

Datum/Nr.	Geschäftsfall	Konto Soll	Konto Haben	Betrag €	Betrag €
26.04.	Eingangsrechnung	Wareneinkauf		18.000,00	
		Vorsteuer		3.420,00	
			Kreditor Bossi		21.420,00

T-Konten

S	Wareneinkauf	H
18.000,00		

S	Vorsteuer	H
3.420,00		

S	Kreditor Bossi	H
		21.420,00

DATEV-Buchungsliste (SKR 03)

Soll	Haben	B	USt	K	Gegen-konto-Nr.	Beleg-Nr.	Beleg-Datum	Konto-Nr.	Text	Skonto
21.420,00				7	0100	020422	26.04.	3400		

DATEV-Buchungsliste (SKR 04)

Soll	Haben	B	USt	K	Gegen-konto-Nr.	Beleg-Nr.	Beleg-Datum	Konto-Nr.	Text	Skonto
21.420,00				7	0100	020422	26.04.	5400		

b) Das Konto Wareneinkauf ist ein Aufwandskonto, das Konto Warenbestand ist ein Bestandskonto bzw. Bilanzkonto. In der Praxis ist es üblich, jeden Wareneinkauf sofort als Aufwand zu erfassen, obwohl die eingekauften Waren zunächst den Warenbestand erhöhen. Dadurch erspart man sich beim Verkauf der Waren das Umbuchen vom Warenbestandskonto auf das Warenaufwandskonto.

MERKE

In der Praxis wird für jeden Lieferanten ein Personenkonto geführt. Für Bossi wurde das Kreditorenkonto 70100 angelegt. Auf dem Sachkonto Verbindlichkeiten aus Lieferungen und Leistungen werden die auf den Personenkonten erfassten Beträge gesammelt (= Sammelkonto).

Beleg 2: Banküberweisung zum Ausgleich einer Verbindlichkeit

Wie ist zu buchen?

Kontoauszug	**Hamburger Bank, IBAN: DE17 2005 0550 1251 1234 00**			
Kontonummer	Kontobezeichnung		Vortrag vom	Auszug Nr.
1251/123400	INTER-FASHION Bekleidungsgroßhandel		24.05.20..	75
			Saldovortrag	8.817,00 €
Buchungstag	Wertstellung	Erläuterungen	Belastungen/Gutschriften	
25. Mai	25.05.	Lastschrift Bossi Hannover	21.420,00 €	
		RE vom 26.04.20..		
		Auszug vom: 25. Mai	Neuer Saldo	
		Ihr Dispo: 100.000,00 €		-12.603,00 €

bossi
herrenmoden
Inh. Paul Bossi

Merolingerstraße 39 • 30336 Hannover
Telefon (0511) 37 12 00 • E-Mail: info@bossi-herren.de

bossi-herrenmoden, Postfach 10 21 30, 30095 Hannover

INTER-FASHION
Bekleidungsgroßhandel
Im- und Export
Postfach 11 06
21451 Reinbek

Auftrags-Nr.	Tag der Lieferung	Kunden-Nr.	Rechnungs-Datum
237688	26.04.20..	32476	26.04.20..

Rechnung-Nr. 020422

Wir lieferten Ihnen am 26.04.20.. frei Haus:

Menge	Artikel	Einzel-Preis	Gesamt
100	Herrenhosen, 100 % Baumwolle, Sondermodell Traveler sortiert, Größen 46 - 56	80,00 €	8.000,00 €
40	Sakkos, reine Schurwolle, Modell „bossi", Farbe bordeaux, Größen 48 - 52	250,00 €	10.000,00 €
	insgesamt		18.000,00 €
	19 % Umsatzsteuer		3.420,00 €
	Rechnungsbetrag		21.420,00 €

Wir danken für Ihren Auftrag!

Der Betrag ist zahlbar innerhalb von 30 Tagen netto Kasse

Unsere Steuernummer: 1234567890
Bankverbindung: IBAN: DE82 2507 0007 0001 9008 00

Buchung zu Beleg 2: Banküberweisung zum Ausgleich einer Verbindlichkeit

Grundbuch

Datum/Nr.	Geschäftsfall	Konto Soll	Konto Haben	Betrag €	Betrag €
25.05.	Lastschrift Rechnung Bossi vom 26.04.	Kreditor Bossi		21.420,00	
			HAMBA		21.420,00

T-Konten

S	Kreditor Bossi	H
21.420,00	Sa.	*21.420,00*

S	HAMBA	H
		21.420,00

DATEV-Buchungsliste (SKR 03)

Soll	Haben	B	USt	K	Gegen-konto-Nr.	Beleg-Nr.	Beleg-Datum	Konto-Nr.	Text	Skonto
	21.420,00			7	0100	20422	25.05.	1200		

DATEV-Buchungsliste (SKR 04)

Soll	Haben	B	USt	K	Gegen-konto-Nr.	Beleg-Nr.	Beleg-Datum	Konto-Nr.	Text	Skonto
	21.420,00			7	0100	20422	25.05.	1800		

MERKE

Alternativ zur Rechnungs-Nr. oder zusätzlich in das Belegfeld 2 in der DATEV-Eingabemaske kann die Nr. des Kontoauszugs eingegeben werden.

Beleg 3: Eingangsrechnung mit Sofortrabatt

a) Wie ist zu buchen?

b) Nehmen Sie Stellung zur Buchung des Rabatts.

ERWIN HUGGE

Damen- und Kinderoberbekleidung

Postfach 32 12 22 • 32312 Lübbecke • Telefon (05741) 22 22 06 • E-Mail: info@hugge-Bekleidung.de

Hugge, Postfach 32 12 22, 32312 Lübbecke

INTER-FASHION
Bekleidungsgroßhandel
Postfach 11 06
21451 Reinbek

Bankverbindung:
IBAN: DE45 2501 0030 2553 3670 00

Kunden-Nr.	**Rechnungs-Nr.**	**Rechnungs-Datum**
122233	**05445**	**03.05.20..**

Rechnung

Gemäß Ihrer Bestellung vom 02.05.20.. lieferten wir Ihnen am 03.05.20.. frei Haus:

		Einzel-Preis	Gesamt
60	Kinder-Markenjeans „Elefant“, Artikel-Nr. 50163	80,00 €	4.800,00 €
60	Mädchen-Sommerkleider, Artikel-Nr. 100 220	40,00 €	2.400,00 €
500	T-Shirts „Elefant“, Artikel-Nr. 406020	5,00 €	2.500,00 €
100	Damen-Blusen, Artikel-Nr. 998710	25,00 €	2.500,00 €
			12.200,00 €
	- 10 % Rabatt		1.220,00 €
			10.980,00 €
	+ 19 % USt		2.086,20 €
	Rechnungsbetrag		13.066,20 €

Zahlbar innerhalb von 7 Tagen mit 2 % Skonto oder innerhalb von 30 Tagen netto Kasse.
Die Ware bleibt bis zur vollständigen Bezahlung unser Eigentum. Gerichtsstand ist Lübbecke.

Unsere Steuernummer: 1234567890

Buchung zu Beleg 3: Eingangsrechnung mit Sofortrabatt

a) **Grundbuch**

Datum/Nr.	Geschäftsfall	Konto Soll	Konto Haben	Betrag €	Betrag €
03.05.	Eingangsrechnung	Wareneinkauf		10.980,00	
		Vorsteuer		2.086,20	
			Kreditor Hugge		13.066,20

T-Konten

S	Wareneinkauf	H
10.980,00		

S	Vorsteuer	H
2.086,20		

S	Kreditor Hugge	H
		13.066,20

DATEV-Buchungsliste (SKR 03)

Soll	Haben	B	USt	K	Gegen-konto-Nr.	Beleg-Nr.	Beleg-Datum	Konto-Nr.	Text	Skonto
13.066,20				7	0710	05603	03.05.	3400		

DATEV-Buchungsliste (SKR 04)

Soll	Haben	B	USt	K	Gegen-konto-Nr.	Beleg-Nr.	Beleg-Datum	Konto-Nr.	Text	Skonto
13.066,20				7	0710	05603	03.05.	5400		

b) In Rechnungen ausgewiesene Rabatte (= Sofortrabatte) werden nicht gesondert gebucht.

MERKE

In der Praxis werden für verschiedene Warengruppen (z. B. Kinderkleidung, Damenkleidung, Herrenkleidung) verschiedene Wareneinkaufskonten geführt.

Beleg 4: Warenrücksendung

a) Wie ist zu buchen?

b) Nehmen Sie Stellung zur sachlichen Richtigkeit der Gutschriftsanzeige.

ERWIN HUGGE

Damen- und Kinderoberbekleidung

Postfach 32 12 22 • 32312 Lübbecke • Telefon (05741) 22 22 06 • E-Mail: info@hugge-Bekleidung.de

Hugge, Postfach 32 12 22, 32312 Lübbecke

INTER-FASHION
Bekleidungsgroßhandel
Postfach 11 06
21451 Reinbek

Bankverbindung:
IBAN: DE45 2501 0030 2553 3670 00

Kunden-Nr.	**Rechnungs-Nr.**	**Rechnungs-Datum**
122233	**05603**	**07.05.20..**

Gutschriftsanzeige

Aufgrund Ihrer Reklamation und Warenrücksendung vom 05.05.20.. erteilen wir Ihnen folgende Gutschrift:

		Einzel-Preis	Gesamt
10	Mädchen-Sommerkleider, Artikel-Nr. 100 220	40,00 €	400,00 €
			400,00 €
	-10 % Rabatt		40,00 €
			360,00 €
	+19 % USt		68,40 €
	Gutschriftsbetrag		428,40 €

Wir bitten um Verrechnung mit Rechnung Nr. 05445.

Unsere Steuernummer: 1234567890

Buchung zu Beleg 4: Warenrücksendung

a) **Grundbuch**

Datum/Nr.	Geschäftsfall	Konto Soll	Konto Haben	Betrag €	Betrag €
07.05.	Gutschrift	Kreditor Hugge		428,40	
			Vorsteuer		68,40
			Wareneinkauf		360,00

T-Konten

S	Wareneinkauf	H
		360,00

S	Vorsteuer	H
		68,40

S	Kreditor Hugge	H
428,40		*Sa. 13.066,20*

DATEV-Buchungsliste (SKR 03)

Soll	Haben	B	USt	K	Gegen-konto-Nr.	Beleg-Nr.	Beleg-Datum	Konto-Nr.	Text	Skonto
	428,40			7	0710		07.05.	3400		

DATEV-Buchungsliste (SKR 04)

Soll	Haben	B	USt	K	Gegen-konto-Nr.	Beleg-Nr.	Beleg-Datum	Konto-Nr.	Text	Skonto
	428,40			7	0710		07.05.	5400		

b) Die Gutschriftsanzeige ist sachlich korrekt. Da in der ursprünglichen Rechnung ein Rabatt in Höhe von 10 % gewährt wurde, muss dieser Rabatt auch in der Gutschriftsanzeige berücksichtigt werden.

MERKE

Bei einer Gutschriftsanzeige handelt es sich um eine Teilstornierung. Die Verbindlichkeiten gegenüber dem Lieferanten werden weniger (Soll), der Warenaufwand sinkt (Haben), der Vorsteuerabzug wird geringer (Haben).

Beleg 5: Eingangsrechnung

Wie lautet die Buchung?

Textil Wilhelmy

Die moderne Herrenoberbekleidung

Fritz Wilhelmy - Bossstraße 20 - 22767 Hamburg
Telefon 040/181721 - E-Mail: info@fritz.wilhelmy.com

Textil Wilhelmy, Postfach 22 44 66, 22097 Hamburg

INTER-FASHION
Bekleidungsgroßhandel
Im- und Export
Postfach 11 06
21451 Reinbek

Kunden-Nr.	10.854
Lieferschein-Nr.	0209221
Rechnungs-Nr.	8293
Datum:	12.03.20..

Rechnung

Vielen Dank für Ihren Auftrag vom 15.02.20..
Am 12.03.20.. erhielten Sie zu den Ihnen bekannten Lieferungs- und Zahlungsbedingungen:

Anzahl	Artikelbezeichnung	Einzelpreis	Gesamtpreis
500	Herrenanzüge der Kollektion „Sun", sortiert nach den Größen 46 - 54	198,00 €	99.000,00 €
			99.000,00 €
	19 % Umsatzsteuer		18.810,00 €
			117.810,00 €

Zahlbar innerhalb von 14 Tagen mit 3 % Skonto oder innerhalb von 60 Tagen netto Kasse

Unsere Steuernummer: 1234567890

IBAN: DE33 2007 0000 8483 3450 00

Buchung zu Beleg 5: Eingangsrechnung

Grundbuch

Datum/Nr.	Geschäftsfall	Konto Soll	Konto Haben	Betrag €	Betrag €
12.03.	ER Wilhelmy	Wareneinkauf		99.000,00	
		Vorsteuer		18.810,00	
			Kreditor Wilhelmy		117.810,00

T-Konten

S	Wareneinkauf	H
99.000,00		

S	Vorsteuer	H
18.810,00		

S	Kreditor Wilhelmy	H
		117.810,00

DATEV-Buchungsliste (SKR 03)

Soll	Haben	B	USt	K	Gegen-konto-Nr.	Beleg-Nr.	Beleg-Datum	Konto-Nr.	Text	Skonto
	117.810,00				3400	8293	12.03.	72235		

DATEV-Buchungsliste (SKR 04)

Soll	Haben	B	USt	K	Gegen-konto-Nr.	Beleg-Nr.	Beleg-Datum	Konto-Nr.	Text	Skonto
	117.810,00				5400	8293	12.03.	72235		

Beleg 6: Bezahlung mit Skontoabzug

Wie ist zu buchen?

Kontoauszug	Hamburger Bank, IBAN: DE17 2005 0550 1251 1234 00			
Kontonummer	Kontobezeichnung		Vortrag vom	Auszug Nr.
1251/123400	INTER-FASHION Bekleidungsgroßhandel		25.03.20..	43
			Saldovortrag	89.726,00 €
Buchungstag	Wertstellung	Erläuterungen	Belastungen/Gutschriften	
26. März	26.03.	ÜBW Wilhelmy, RE. v. 12.03.20..	114.275,70 €	
		abzgl. 3 % Skonto		
		Auszug vom: 26. März	Neuer Saldo	
		Ihr Dispo: 100.000,00 €		-24.549,70 €

Textil Wilhelmy

Die moderne Herrenoberbekleidung

Fritz Wilhelmy - Bossstraße 20 - 22767 Hamburg
Telefon 040/181721 - E-Mail: info@fritz.wilhelmy.com

Textil Wilhelmy, Postfach 22 44 66, 22097 Hamburg

INTER-FASHION
Bekleidungsgroßhandel
Im- und Export
Postfach 11 06
21451 Reinbek

Kunden-Nr.	10.854
Lieferschein-Nr.	0209221
Rechnungs-Nr.	8293
Datum:	12.03.20..

Rechnung

Vielen Dank für Ihren Auftrag vom 15.02.20..
Am 12.03.20.. erhielten Sie zu den Ihnen bekannten Lieferungs- und Zahlungsbedingungen:

Anzahl	Artikelbezeichnung	Einzelpreis	Gesamtpreis
500	Herrenanzüge der Kollektion „Sun", sortiert nach den Größen 46 - 54	198,00 €	99.000,00 €
			99.000,00 €
	19 % Umsatzsteuer		18.810,00 €
			117.810,00 €

Zahlbar innerhalb von 14 Tagen mit 3 % Skonto oder innerhalb von 60 Tagen netto Kasse

Unsere Steuernummer: 1234567890

IBAN: DE33 2007 0000 8483 3450 00

Buchung zu Beleg 6: Bezahlung mit Skontoabzug

Grundbuch

Datum/Nr.	Geschäftsfall	Konto Soll	Konto Haben	Betrag Euro	Betrag Euro
26.03.	Überweisung an Wilhelmy per HAMBA	Kreditor Wilhelmy		117.810,00	
			HAMBA		114.275,70
			Erhaltene Skonti		2.970,00
			Vorsteuer		564,30

T-Konten

S	Kreditor Wilhelmy	H
117.810,00	*Sa.*	*117.810,00*

S	HAMBA	H
		114.275,70

S	Erhaltene Skonti	H
		2.970,00

S	Vorsteuer	H
		564,30

DATEV-Buchungsliste (SKR 03)

Soll	Haben	B	USt	K	Gegen-konto-Nr.	Beleg-Nr.	Beleg-Datum	Konto-Nr.	Text	Skonto
	114.275,70			7	2235	8293	26.03.	1200		3.534,30

DATEV-Buchungsliste (SKR 04)

Soll	Haben	B	USt	K	Gegen-konto-Nr.	Beleg-Nr.	Beleg-Datum	Konto-Nr.	Text	Skonto
	114.275,70			7	2235	8293	26.03.	1800		3.534,30

MERKE

In die Betragsspalte ist bei DATEV immer der gezahlte Betrag (Überweisungsbetrag) einzutragen. In die Skontospalte wird der Skontobetrag brutto eingetragen, da es sich bei dem Konto Erhaltene Skonti um ein Automatikkonto handelt, bei dem die Umsatzsteuer automatisch herausgerechnet und gebucht wird.

Beleg 7: Erhaltener Bonus

a) Wie lautet die Buchung?

b) Warum gibt es bei DATEV für Boni ein gesondertes Konto?

bossi
herrenmoden
Inh. Paul Bossi

Merolingerstraße 39 • 30336 Hannover
Telefon (0511) 37 12 00 • E-Mail: info@bossi-herren.de

bossi-herrenmoden, Postfach 10 21 30, 30095 Hannover

INTER-FASHION
Bekleidungsgroßhandel
Im- und Export
Postfach 11 06
21451 Reinbek

Auftrags-Nr.	Tag der Lieferung	Kunden-Nr.	Rechnungs-Datum
		32476	05.02.20..

Gutschriftsanzeige

Sehr geehrte Damen und Herren,

wir tätigten mit Ihnen im vergangenen Kalenderjahr einen Netto-Umsatz in Höhe von 200.000,00 €

Darauf gewähren wir Ihnen einen Bonus in Höhe von

3 %	6.000,00 €
19 % USt	1.140,00 €
insgesamt	7.140,00 €

zur Verrechnung.

Wir bitten gleichlautende Buchung.

Unsere Steuernummer: 1234567890

Bankverbindung:
IBAN: DE82 2507 0007 0001 9008 00

Buchung zu Beleg 7: Erhaltener Bonus

a) **Grundbuch**

Datum/Nr.	Geschäftsfall	Konto Soll	Konto Haben	Betrag €	Betrag €
05.02.	Bonus Bossi	Kreditor Bossi		7.140,00	
			Erhaltene Boni		6.000,00
			Vorsteuer		1.140,00

T-Konten

S	Kreditor Bossi	H
7.140,00		

S	Erhaltene Boni	H
		6.000,00

S	Vorsteuer	H
		1.140,00

DATEV-Buchungsliste (SKR 03)

Soll	Haben	B	USt	K	Gegen-konto-Nr.	Beleg-Nr.	Beleg-Datum	Konto-Nr.	Text	Skonto
	7.140,00			7	0100		05.02.	3760		

DATEV-Buchungsliste (SKR 04)

Soll	Haben	B	USt	K	Gegen-konto-Nr.	Beleg-Nr.	Beleg-Datum	Konto-Nr.	Text	Skonto
	7.140,00			7	0100		05.02.	5760		

b) Gesonderte Konten sind immer dann sinnvoll, wenn aus den Zahlen betriebswirtschaftliche Schlüsse gezogen werden können. Lieferanten gewähren häufig nachträgliche Rabatte auf mit ihnen getätigte Umsätze, um für die Käufer Anreize zu schaffen, bei ihnen zu kaufen. Je mehr gekauft wird, desto mehr Mengenrabatt (Bonus) wird gewährt. Somit kann an dem Saldo des Kontos Boni abgelesen werden, was INTER-FASHION zusätzlich „verdient" hat durch Wareneinkäufe bei Bossi.

MERKE

Nachträgliche Nachlässe auf eingekaufte Waren (Rabatte, Skonti, Boni) werden auf entsprechenden Unterkonten des Kontos Wareneinkauf gebucht.

Bei mehreren Wareneinkaufskonten (z. B. 7 % und 19 %) hat jedes Wareneinkaufskonto entsprechende Unterkonten.

Beleg 8: Banküberweisung an einen Lieferanten zum Ausgleich einer Warenrechnung abzüglich Gutschrift und Skonto

a) Wie ist zu buchen?

b) Wurde der Skontobetrag richtig berechnet?

Kontoauszug	**Hamburger Bank, DE17 2005 0550 1251 1234 00**			
Kontonummer	Kontobezeichnung		Vortrag vom	Auszug Nr.
1251/123400	INTER-FASHION Bekleidungsgroßhandel		10.05.20..	69
			Saldovortrag	25.000,00 €
Buchungstag	Wertstellung	Erläuterungen	Belastungen/Gutschriften	
10. Mai	10.05.	ÜBW Erwin Hugge, RE. v. 03.05.	12.385,04 €	
		abzgl. Gutschrift vom 07.05.		
		abzgl. 2 % Skonto = 252,76 €		
		Auszug vom: 10. Mai	Neuer Saldo	
		Ihr Dispo: 100.000,00 €		12.614,96 €

ERWIN HUGGE

Damen- und Kinderoberbekleidung

Postfach 32 12 22 • 32312 Lübbecke
Telefon (05741) 22 22 06 • E-Mail: info@hugge-Bekleidung.de

Hugge, Postfach 32 12 22, 32312 Lübbecke

INTER-FASHION
Bekleidungsgroßhandel
Postfach 11 06
21451 Reinbek

Bankverbindung:
IBAN: DE45 2501 0030 2553 3670 00

Kunden-Nr.	**Rechnungs-Nr.**	**Rechnungs-Datum**
122233	**05445**	**03.05.20..**

Rechnung

Gemäß Ihrer Bestellung vom 03.05.20.. lieferten wir Ihnen am 04.05.20.. frei Haus:

		Einzel-Preis	Gesamt
60	Kinder-Markenjeans „Elefant", Artikel-Nr. 50163	80,00 €	4.800,00 €
60	Mädchen-Sommerkleider, Artikel-Nr. 100 220	40,00 €	2.400,00 €
500	T-Shirts „Elefant", Artikel-Nr. 406020	5,00 €	2.500,00 €
100	Damen-Blusen, Artikel-Nr. 998710	25,00 €	2.500,00 €
			12.200,00 €
	-10 % Rabatt		1.220,00 €
			10.980,00 €
	+19 % USt		2.086,20 €
	Rechnungsbetrag		13.066,20 €

Zahlbar innerhalb von 7 Tagen mit 2 % Skonto oder innerhalb von 30 Tagen netto Kasse.
Die Ware bleibt bis zur vollständigen Bezahlung unser Eigentum. Gerichtsstand ist Lübbecke.

Unsere Steuernummer: 1234567890

ERWIN HUGGE

Damen- und Kinderoberbekleidung

Postfach 32 12 22 • 32312 Lübbecke
Telefon (05741) 22 22 06 • E-Mail: info@hugge-Bekleidung.de

Hugge, Postfach 32 12 22, 32312 Lübbecke

INTER-FASHION
Bekleidungsgroßhandel
Postfach 11 06
21451 Reinbek

Bankverbindung:
IBAN: DE45 2501 0030 2553 3670 00

Kunden-Nr.	**Rechnungs-Nr.**	**Rechnungs-Datum**
122233	**05603**	**07.05.20..**

Gutschriftsanzeige

Aufgrund Ihrer Reklamation und Warenrücksendung vom 05.05.20.. erteilen wir Ihnen folgende Gutschrift:

		Einzel-Preis	Gesamt
10	Mädchen-Sommerkleider, Artikel-Nr. 100 220	40,00 €	400,00 €
			400,00 €
	-10 % Rabatt		40,00 €
			360,00 €
	+19 % USt		68,40 €
	Gutschriftsbetrag		428,40 €

Wir bitten um Verrechnung mit Rechnung Nr. 05445.

Unsere Steuernummer: 1234567890

Buchung zu Beleg 8: Banküberweisung an einen Lieferanten zum Ausgleich einer Warenrechnung abzüglich Gutschrift und Skonto

a) **Grundbuch**

Datum/Nr.	Geschäftsfall	Konto Soll	Konto Haben	Betrag €	Betrag €
10.05.	Überweisung an Hugge per HAMBA	Kreditor Hugge		12.637,80	
			HAMBA		12.385,04
			Erhaltene Skonti		212,40
			Vorsteuer		40,36

T-Konten

S	Kreditor Hugge	H
12.637,80	*Sa.*	*12.637,80*

S	HAMBA	H
		12.385,04

S	Erhaltene Skonti	H
		212,40

S	Vorsteuer	H
		40,36

DATEV-Buchungsliste (SKR 03)

Soll	Haben	B	USt	K	Gegen-konto-Nr.	Beleg-Nr.	Beleg-Datum	Konto-Nr.	Text	Skonto
	12.385,04			7	0710	5445	10.05.	1200		252,76

DATEV-Buchungsliste (SKR 04)

Soll	Haben	B	USt	K	Gegen-konto-Nr.	Beleg-Nr.	Beleg-Datum	Konto-Nr.	Text	Skonto
	12.385,04			7	0710	5445	10.05.	1800		252,76

b) Der Skontobetrag wurde richtig berechnet, da vom Rechnungsbetrag in Höhe von 13.066,20 € zunächst die Gutschrift in Höhe von 428,40 € abzuziehen ist. Auf den verbleibenden Betrag in Höhe von 12.637,80 € werden 2 % Skonto = 252,76 € gewährt.

MERKE

In die Betragsspalte ist bei DATEV immer der gezahlte Betrag (Überweisungsbetrag) einzutragen. In die Skontospalte wird der Skontobetrag brutto eingetragen, da es sich bei dem Konto „Erhaltene Skonti“ um ein Automatikkonto handelt, bei dem die Umsatzsteuer automatisch herausgerechnet und gebucht wird.

Beleg 9: Anzahlungsrechnung ohne gesonderten Umsatzsteuerausweis

Wie lautet die Buchung?

Textil Wilhelmy

Die moderne Herrenoberbekleidung

Fritz Wilhelmy - Bossstraße 20 - 22767 Hamburg
Telefon 040/181721 - E-Mail: info@fritz.wilhelmy.com

Textil Wilhelmy, Postfach 22 44 66, 22097 Hamburg

INTER-FASHION
Bekleidungsgroßhandel
Im- und Export
Postfach 11 06
21451 Reinbek

Kunden-Nr.	10.854
Lieferschein-Nr.	
Rechnungs-Nr.	A 4736
Datum:	18.03.20..

Anzahlungs-Rechnung

Vielen Dank für Ihren Auftrag vom 15.03.20..

Entsprechend unserer gemeinsamen Vereinbarung bitten wir Sie um eine Anzahlung in Höhe von innerhalb von 10 Tagen auf das untenstehende Konto. 34.800,00 €

Unsere Steuernummer: 1234567890

IBAN: DE33 2007 0000 8483 3450 00

Buchung zu Beleg 9: Anzahlungsrechnung ohne gesonderten Umsatzsteuerausweis

Grundbuch

Datum/Nr.	Geschäftsfall	Konto Soll	Konto Haben	Betrag Euro	Betrag Euro
	Keine Buchung				

T-Konten

S H S H S H

DATEV-Buchungsliste (SKR 03)

Soll	Haben	B	USt	K	Gegen-konto-Nr.	Beleg-Nr.	Beleg-Datum	Konto-Nr.	Text	Skonto

DATEV-Buchungsliste (SKR 04)

Soll	Haben	B	USt	K	Gegen-konto-Nr.	Beleg-Nr.	Beleg-Datum	Konto-Nr.	Text	Skonto

MERKE

Die Anzahlungsrechnung ist lediglich eine Erinnerung daran, dass im Kaufvertrag vereinbart wurde, einen bestimmten Betrag vor Ausführung der Leistung anzuzahlen.

Da bisher noch keine Ware geliefert wurde und auch noch keine Zahlung erfolgte, ist nichts zu buchen.

Auch Kaufverträge, Mietverträge, Versicherungsverträge, Darlehensverträge usw. werden nicht gebucht.

Beleg 10: Anzahlung

Wie lautet die Buchung?

Kontoauszug	Hamburger Bank, IBAN: DE17 2005 0550 1251 1234 00				
Kontonummer	Kontobezeichnung			Vortrag vom	Auszug Nr.
1251/123400	INTER-FASHION Bekleidungsgroßhandel			20.03.20..	51
				Saldovortrag	27.958,00 €
Buchungstag	Wertstellung	Erläuterungen		Belastungen/Gutschriften	
23. Mar	23.03.	Übw. Wilhelmy		34.800,00 €	
		Kd. Nr. 10.854, RNr. A4736			
		Auszug vom:	23. Mar	Neuer Saldo	
		Ihr Dispo:	100.000,00 €		- 6.842,00 €

Buchung zu Beleg 10: Anzahlung

Grundbuch

Datum/Nr.	Geschäftsfall	Konto Soll	Konto Haben	Betrag Euro	Betrag Euro
23.03.	Banküberweisung Wilhelmy, Anzahlung	Geleistete Anzahlung		34.800,00	
			HAMBA		34.800,00

T-Konten

S	Gel. Anzahlg.	H
34.800,00		

S	HAMBA	H
		34.8000,00

DATEV-Buchungsliste (SKR 03)

Soll	Haben	B	USt	K	Gegen-konto-Nr.	Beleg-Nr.	Beleg-Datum	Konto-Nr.	Text	Skonto
	34.800,00				1510		23.03.	1200		

DATEV-Buchungsliste (SKR 04)

Soll	Haben	B	USt	K	Gegen-konto-Nr.	Beleg-Nr.	Beleg-Datum	Konto-Nr.	Text	Skonto
	34.800,00				1180		23.03.	1800		

MERKE

Die vorliegende Rechnung ist nicht ordnungsmäßig, deshalb darf trotz erfolgter Anzahlung noch keine Umsatzsteuer als Vorsteuer abgezogen werden.

Gemäß § 15 Abs. 1 Nr. 1 UStG darf ein vorsteuerabzugsberechtigter Unternehmer die Vorsteuer erst in Abzug bringen, wenn eine ordnungsmäßige Rechnung vorliegt und entweder die Leistung erbracht ist oder die Zahlung bereits erfolgt ist.

Beleg 11: Anzahlungsrechnung mit gesondertem Umsatzsteuerausweis

a) Wie lautet die Buchung?

b) Wann ist die Umsatzsteuer aus einer Anzahlungsrechnung als Vorsteuer abziehbar?

Textil Wilhelmy

Die moderne Herrenoberbekleidung

Fritz Wilhelmy - Bossstraße 20 - 22767 Hamburg
Telefon 040/181721 - E-Mail: info@fritz.wilhelmy.com

Textil Wilhelmy, Postfach 22 44 66, 22097 Hamburg

INTER-FASHION
Bekleidungsgroßhandel
Im- und Export
Postfach 11 06
21451 Reinbek

Kunden-Nr.	10.854
Lieferschein-Nr.	
Rechnungs-Nr.	A 5321
Datum:	18.06.20..

Anzahlungs-Rechnung

Vielen Dank für Ihren Auftrag vom 15.06.20..

Entsprechend unserer gemeinsamen Vereinbarung bitten wir Sie eine Anzahlung in Höhe von	30.000,00 €
+ 19 % USt	5.700,00 €
insgesamt	35.700,00 €

innerhalb von 10 Tagen auf das untenstehende Konto zu überweisen.

Unsere Steuernummer: 1234567890

IBAN: DE33 2007 0000 8483 3450 00

Buchung zu Beleg 11: Anzahlungsrechnung mit gesondertem Umsatzsteuerausweis

Grundbuch

Datum/Nr.	Geschäftsfall	Konto Soll	Konto Haben	Betrag Euro	Betrag Euro
	Keine Buchung				

T-Konten

S	H	S	H	S	H

DATEV-Buchungsliste (SKR 03)

Soll	Haben	B	USt	K	Gegen-konto-Nr.	Beleg-Nr.	Beleg-Datum	Konto-Nr.	Text	Skonto

DATEV-Buchungsliste (SKR 04)

Soll	Haben	B	USt	K	Gegen-konto-Nr.	Beleg-Nr.	Beleg-Datum	Konto-Nr.	Text	Skonto

MERKE

Die Anzahlungsrechnung ist lediglich eine Erinnerung daran, dass im Kaufvertrag vereinbart wurde, einen bestimmten Betrag vor Ausführung der Leistung anzuzahlen.

Da bisher noch keine Ware geliefert wurde und auch noch keine Zahlung erfolgte, ist nichts zu buchen.

Auch Kaufverträge, Mietverträge, Versicherungsverträge, Darlehensverträge usw. werden nicht gebucht.

Beleg 12: Bankgutschrift: Anzahlung eines Kunden

Wie lautet die Buchung?

Kontoauszug	**Hamburger Bank, IBAN: DE17 2005 0550 1251 1234 00**			
Kontonummer	Kontobezeichnung		Vortrag vom	Auszug Nr.
1251/123400	INTER-FASHION Bekleidungsgroßhandel		21.06.20..	113
			Saldovortrag	42.381,00 €
Buchungstag	Wertstellung	Erläuterungen	Belastungen/Gutschriften	
23. Jun	26.06.	Übw. Wilhelmy	35.700,00 €	
		Kd. Nr. 10.854, RNr. A 5321		
		Auszug vom: 23. Jun	Neuer Saldo	
		Ihr Dispo: 100.000,00 €		6.681,00 €

Buchung zu Beleg 12: Bankgutschrift: Anzahlung eines Kunden

a) **Grundbuch**

Datum/Nr.	Geschäftsfall	Konto Soll	Konto Haben	Betrag €	Betrag €
23.06.	Überweisung Wilhelmy Anzahlung	Geleistete Anzahlung		30.000,00	
		Vorsteuer		5.700,00	
			HAMBA		35.700,00

T-Konten

S	Geleistete Anzahlung	H
30.000,00		

S	Vorsteuer	H
5.700,00		

S	HAMBA	H
		35.700,00

DATEV-Buchungsliste (SKR 03)

Soll	Haben	B	USt	K	Gegen-konto-Nr.	Beleg-Nr.	Beleg-Datum	Konto-Nr.	Text	Skonto
	35.700,00				1518		23.06.	1200		

DATEV-Buchungsliste (SKR 04)

Soll	Haben	B	USt	K	Gegen-konto-Nr.	Beleg-Nr.	Beleg-Datum	Konto-Nr.	Text	Skonto
	35.700,00				1186		23.06.	1800		

b) In einer Anzahlungsrechnung ausgewiesene Umsatzsteuer ist in dem Monat oder Quartal als Vorsteuer abziehbar, in dem die ordnungsmäßige Rechnung vorliegt und die Zahlung erfolgt ist (vgl. § 15 Abs. 1 Nr. 1 Sätze 2 und 3 UStG).

MERKE

Eine Anzahlungs-Rechnung wird nicht gesondert gebucht. Erst bei Zahlung des Anzahlungs-Rechnungsbetrags ist die Vorsteuer abzugsfähig, wenn in der Anzahlungsrechnung die Umsatzsteuer ordnungsmäßig ausgewiesen wurde.

Beleg 13: Eingangsrechnung mit Verrechnung einer Anzahlung

Wie lautet die Buchung?

Textil Wilhelmy

Die moderne Herrenoberbekleidung

Fritz Wilhelmy - Bossstraße 20 - 22767 Hamburg
Telefon 040/181721 - E-Mail: info@fritz.wilhelmy.com

Textil Wilhelmy, Postfach 22 44 66, 22097 Hamburg

INTER-FASHION
Bekleidungsgroßhandel
Im- und Export
Postfach 11 06
21451 Reinbek

Kunden-Nr.	10.854
Lieferschein-Nr.	0209221
Rechnungs-Nr.	9443
Datum:	12.09.20..

Rechnung

Vielen Dank für Ihren Auftrag vom 15.06.20..
Am 12.09.20.. erhielten Sie zu den Ihnen bekannten Lieferungs- und Zahlungsbedingungen:

Anzahl	Artikelbezeichnung	Einzelpreis	Gesamtpreis
500	Herrenanzüge der Kollektion „Sun", sortiert nach den Größen 46 - 54	198,00 €	99.000,00 €
	10 % Mengenrabatt		9.900,00 €
			89.100,00 €
	19 % Umsatzsteuer		16.929,00 €
			106.029,00 €
	abzüglich Anzahlung vom 23.06.20..	30.000,00 €	
	19 % Umsatzsteuer	5.700,00 €	35.700,00 €
	verbleiben		70.329,00 €

zahlbar innerhalb von 14 Tagen mit 3 % Skonto oder innerhalb von 60 Tagen netto Kasse

Unsere Steuernummer: 1234567890

IBAN: DE33 2007 0000 8483 3450 00

Buchung zu Beleg 13: Eingangsrechnung mit Verrechnung einer Anzahlung

Grundbuch

Datum/Nr.	Geschäftsfall	Konto Soll	Konto Haben	Betrag €	Betrag €
12.09.	ER Wilhelmy	Wareneinkauf		89.100,00	
		Vorsteuer		11.229,00	
			Geleistete Anzahlung		30.000,00
			Verbindlichkeiten		70.327,00

T-Konten

S	Wareneinkauf	H
	89.100,00	

S	Vorsteuer	H
	11.229,00	

S	Geleistete Anzahlung	H
Sa.	*30.000,00*	30.000,00

S	Kreditor Wilhelmy	H
		70.329,00

DATEV-Buchungsliste (SKR 03)

Soll	Haben	B	USt	K	Gegen-konto-Nr.	Beleg-Nr.	Beleg-Datum	Konto-Nr.	Text	Skonto
	106.029,00				3400	9443	12.09.	72235		
35.700,00					1518					

DATEV-Buchungsliste (SKR 04)

Soll	Haben	B	USt	K	Gegen-konto-Nr.	Beleg-Nr.	Beleg-Datum	Konto-Nr.	Text	Skonto
	106.029,00				5400	9443	12.09.	72235		
35.700,00					1186					

Beleg 14: Eingangsfracht

a) Wie lautet die Buchung?

b) Warum werden Bezugsnebenkosten nicht über Aufwandskosten in der Klasse 4 bzw. der Klasse 6 gebucht?

RUDOLF WALTERBEK
INTERNATIONALE SPEDITION - LAGERHAUS

Rudolf Walterbek, Postfach 4 06, 30175 Hannover

INTER-FASHION
Bekleidungsgroßhandel
Postfach 11 06
21451 Reinbek

Ihre Zeichen, Ihre Nachricht vom	Unsere Zeichen, unsere Nachricht vom	Telefon	Hannover
		(0511) 41 55 - 58	15.05.20..

Rechnung Nr. 125267-02

Tag der Lieferung: 10.05.20..

Pos.	Menge	Einheiten	Bezeichnung	Summe
1	10	Karton	Jeans	
2	15	Karton	T-Shirts	
			Fracht	150,00 €
			Transportversicherung	30,00 €
				180,00 €
			USt 19 %	34,20 €
			Rechnungsbetrag	214,20 €

Zahlbar netto nach Erhalt der Rechnung.

Fernruf. (0511) 41 55 - 58 und 3 20 28 IBAN: DE28 2501 0030 0116 6123 00
E-Mail: info@spedition-walterbek.eu

Unsere Steuernummer: 1234567890
Handelsregister-Nr. A 6224 beim Amtsgericht Hannover
Erfüllungsort und Gerichtsstand für beide Teile Hannover

Buchung zu Beleg 14: Eingangsfracht

a) **Grundbuch**

Datum/Nr.	Geschäftsfall	Konto Soll	Konto Haben	Betrag €	Betrag €
15.05.	Rechnung Spedition für Warenlieferung	Bezugsnebenkosten		180,00	
		Vorsteuer		34,20	
			Kreditor Walterbek		214,20

T-Konten

S	Bezugsnebenkosten	H
180,00		

S	Vorsteuer	H
34,20		

S	Kreditor Walterbek	H
		214,20

DATEV-Buchungsliste (SKR 03)

Soll	Haben	B	USt	K	Gegen-konto-Nr.	Beleg-Nr.	Beleg-Datum	Konto-Nr.	Text	Skonto
214,20			9	7	2230	125267	15.05.	3800		

DATEV-Buchungsliste (SKR 04)

Soll	Haben	B	USt	K	Gegen-konto-Nr.	Beleg-Nr.	Beleg-Datum	Konto-Nr.	Text	Skonto
214,20			9	7	2230	125267	15.05.	5800		

b) Bezugsnebenkosten erhöhen die Anschaffungskosten der Waren und sind deshalb bei der Bewertung des Warenbestandes zu berücksichtigen. Bezugsnebenkosten erhöhen den Wareneinsatz, weshalb sie nicht in die Klasse 4 bzw. 6 gehören.

MERKE

Fracht- und Versicherungskosten, die den Wareneinkauf betreffen, sind Nebenkosten des Wareneinkaufs und werden in der Klasse 3 bzw. 5 erfasst.

2. Warenverkauf

Beleg 1: Ausgangsrechnung

Wie ist zu buchen?

INTER-FASHION
BEKLEIDUNGSGROSSHANDEL
IM- UND EXPORT

Inh.: Tobias Münster • Rathausstr. 32 • 21465 Reinbek
Telefon (040) 7278337 • www.if-reinbek.de

INTER-FASHION, Postfach 11 06, 21451 Reinbek

Adams Shop
Herrenoberbekleidung
Mönckebergstraße 17
20095 Hamburg

Kunden-Nr.: **10.010**
Lieferschein-Nr.: **0210221**
Rechnungs-Nr.: **104723**
Datum: **07.10.20..**

Rechnung

Vielen Dank für Ihren Auftrag!
Am 06.10.20.. erhielten Sie zu den Ihnen bekannten Lieferungs- und Zahlungsbedingungen:

Anzahl	Artikel	Einzel-Preis	Gesamt
20	Herren-Trenchcoats „bossi“, gefüttert, in den Größen 52 - 58 + 19 % Umsatzsteuer	250,00 €	5.000,00 € 950,00 €
			5.950,00 €

Zahlbar innerhalb von 14 Tagen mit 3 % Skonto oder innerhalb von 60 Tagen netto Kasse

Unsere Steuernummer: 1234567890
Bankverbindung:
IBAN: DE17 2005 0550 1251 1234 00

Buchung zu Beleg 1: Ausgangsrechnung

Grundbuch

Datum/Nr.	Geschäftsfall	Konto Soll	Konto Haben	Betrag €	Betrag €
07.10.	Ausgangsrechnung	Debitor Adam		5.950,00	
			Erlöse		5.000,00
			Umsatzsteuer		950,00

T-Konten

S	Debitor Adam	H
5.950,00		

S	Erlöse	H
		5.000,00

S	Umsatzsteuer	H
		950,00

DATEV-Buchungsliste (SKR 03)

Soll	Haben	B	USt	K	Gegen-konto-Nr.	Beleg-Nr.	Beleg-Datum	Konto-Nr.	Text	Skonto
	5.950,00			1	0010	104723	07.10.	8400		

DATEV-Buchungsliste (SKR 04)

Soll	Haben	B	USt	K	Gegen-konto-Nr.	Beleg-Nr.	Beleg-Datum	Konto-Nr.	Text	Skonto
	5.950,00			1	0010	104723	07.10.	4400		

MERKE

In der Praxis wird für jeden Kunden ein Personenkonto geführt. Für Adams Shop wurde das Debitorenkonto 10010 angelegt. Auf dem Sachkonto Forderungen aus Lieferungen und Leistungen werden die auf den Personenkonten erfassten Beträge gesammelt (= Sammelkonto).

Beleg 2: Ausgangsrechnung mit Sofortrabatt

a) Wie ist zu buchen?

b) Nehmen Sie Stellung zur Buchung des Mengenrabatts.

INTER-FASHION

BEKLEIDUNGSGROSSHANDEL
IM- UND EXPORT

Inh.: Tobias Münster • Rathausstr. 32 • 21465 Reinbek
Telefon (040) 7278337 • www.if-reinbek.de

INTER-FASHION, Postfach 11 06, 21451 Reinbek

Bekleidungsunternehmen
A & C
Postfach 77 33 34
20097 Hamburg

Kunden-Nr.:	**10.001**
Lieferschein-Nr.:	**0204001**
Rechnungs-Nr.:	**041732**
Datum:	**12.04.20..**

Rechnung

Vielen Dank für Ihren Auftrag!
Am 12.04.20.. erhielten Sie zu den Ihnen bekannten Lieferungs- und Zahlungsbedingungen:

Anzahl	Artikel	Einzel-Preis	Gesamt
50	Herrenanzüge der Kollektion „sun", sortiert nach den Größen 48 - 56	198,00 €	9.900,00 €
	- 10 % Mengenrabatt		990,00 €
			8.910,00 €
	+ 19 % Umsatzsteuer		1.692,90 €
			10.602,90 €

Zahlbar innerhalb von 14 Tagen mit 3 % Skonto oder innerhalb von 60 Tagen netto Kasse

Unsere Steuernummer: 1234567890
Bankverbindung:
IBAN: DE17 2005 0550 1251 1234 00

Buchung zu Beleg 2: Ausgangsrechnung mit Sofortrabatt

a) **Grundbuch**

Datum/Nr.	Geschäftsfall	Konto Soll	Konto Haben	Betrag €	Betrag €
12.04.	Ausgangsrechnung	Debitor A & C		10.602,90	
			Erlöse		8.910,00
			Umsatzsteuer		1.692,90

T-Konten

S	Debitor A & C	H
10.602,90		

S	Erlöse	H
		8.910,00

S	Umsatzsteuer	H
		1.692,90

DATEV-Buchungsliste (SKR 03)

Soll	Haben	B	USt	K	Gegen-konto-Nr.	Beleg-Nr.	Beleg-Datum	Konto-Nr.	Text	Skonto
	10.602,90			1	0001	041732	12.04.	8400		

DATEV-Buchungsliste (SKR 04)

Soll	Haben	B	USt	K	Gegen-konto-Nr.	Beleg-Nr.	Beleg-Datum	Konto-Nr.	Text	Skonto
	10.602,90			1	0001	041732	12.04.	4400		

b) In Rechnungen ausgewiesene Sofortrabatte werden nicht gesondert gebucht.

MERKE

Die Kontonummern für Debitoren haben bei DATEV mehr als vier Stellen. Sie beginnen mit den Ziffern 1 bis 6. Wir verwenden fünfstellige Kontonummern für die Debitoren. Sie umfassen den Bereich von 10.000 bis 69.999. Für das Buchen und Kontieren ist es sinnvoll, die Kontonummer mit auf die Rechnung zu schreiben. So weit möglich sollten Kontonummer und Kundennummer übereinstimmen.

Beleg 3: Nachträglicher Preisnachlass

a) Wie ist zu buchen?

b) Welchen Betrag muss der Kunde Adams Shop überweisen, wenn die Gutschrift mit dem aus Rechnung Nr. 106234 vom 07.10. geschuldeten Betrag verrechnet und der Betrag am 17.10. auf dem Bankkonto gutgeschrieben wird?

INTER-FASHION
BEKLEIDUNGSGROSSHANDEL
IM- UND EXPORT

Inh.: Tobias Münster • Rathausstr. 32 • 21465 Reinbek
Telefon (040) 7278337 • www.if-reinbek.de

INTER-FASHION, Postfach 11 06, 21451 Reinbek

Adams Shop
Herrenoberbekleidung
Mönckebergstraße 17
20095 Hamburg

Kunden-Nr.:	**10.010**
Lieferschein-Nr.:	**0210221**
Rechnungs-Nr.:	**104871**
Datum:	**10.10.20..**

Reklamation -
Ihr Anruf vom 08.10.20..

Sehr geehrte Damen und Herren,

wir bedauern sehr, dass einige der von uns gelieferten Mäntel angeschmutzt sind. Da Sie sich telefonisch bereit erklärt haben, die Mäntel zu behalten, gewähren wir Ihnen – wie besprochen – auf die gesamte Sendung einen

Preisnachlass

	10 % von 5.000,00 €	**500,00 €**
+	**19 % Umsatzsteuer**	**95,00 €**
		595,00 €

und bitten Sie, diesen Betrag in Abzug zu bringen.

Wir bitten nochmals um Entschuldigung und verbleiben

mit freundlichen Grüßen

INTER-FASHION

Dörte Meisner

Unsere Steuernummer: 1234567890
Bankverbindung:
IBAN: DE17 2005 0550 1251 1234 00

Buchung zu Beleg 3: Nachträglicher Preisnachlass

a) **Grundbuch**

Datum/Nr.	Geschäftsfall	Konto Soll	Konto Haben	Betrag €	Betrag €
10.10.	Mängelrüge Adam	Erlösschmälerungen		500,00	
		Umsatzsteuer		95,00	
			Debitor Adam		595,00

T-Konten

S	Erlösschmälerungen	H
	500,00	

S	Umsatzsteuer	H
	95,00	

S	Debitor Adam	H
Sa.	*5.950,00*	595,00

DATEV-Buchungsliste (SKR 03)

Soll	Haben	B	USt	K	Gegen-konto-Nr.	Beleg-Nr.	Beleg-Datum	Konto-Nr.	Text	Skonto
595,00				1	0010	104871	10.10.	8720		

DATEV-Buchungsliste (SKR 04)

Soll	Haben	B	USt	K	Gegen-konto-Nr.	Beleg-Nr.	Beleg-Datum	Konto-Nr.	Text	Skonto
595,00				1	0010	104871	10.10.	4720		

b)

Rechnungsbetrag	5.950,00 €
Gutschrift	595,00 €
verbleiben	5.355,00 €
- 3 % Skonto	160,65 €
Überweisungsbetrag	5.194,35 €

MERKE

Nachträgliche Preisnachlässe werden auf dem Konto Erlösschmälerungen erfasst.

Beleg 4: Ausgangsrechnung mit Frachtkosten

a) Wie ist zu buchen?

b) Nehmen Sie Stellung zur Buchung der Frachtkosten.

INTER-FASHION

BEKLEIDUNGSGROSSHANDEL
IM- UND EXPORT

Inh.: Tobias Münster • Rathausstr. 32 • 21465 Reinbek
Telefon (040) 7278337 • www.if-reinbek.de

INTER-FASHION, Postfach 11 06, 21451 Reinbek

Jennys Boutique
Markt 10
04109 Leipzig

Kunden-Nr.:	**10800**
Lieferschein-Nr.:	**0205091**
Rechnungs-Nr.:	**052374**
Datum:	**22.05.20..**

Rechnung

Vielen Dank für Ihren Auftrag!
Am 22.05.20.. erhielten Sie zu den Ihnen bekannten Lieferungs- und Zahlungsbedingungen:

Anzahl	Artikelbezeichnung	Einzel-Preis	Gesamt
100	Damenblusen „Trend", sortiert nach den Größen 36 - 42	38,00 €	3.800,00 €
50	Jeans „Lewis", verschiedene Größen	40,00 €	2.000,00 €
	Warenwert		5.800,00 €
	anteilige Frachtkosten		200,00 €
			6.000,00 €
	+ 19 % Umsatzsteuer		1.140,00 €
			7.140,00 €

Zahlbar innerhalb von 14 Tagen mit 3 % Skonto oder
innerhalb von 60 Tagen netto Kasse

Unsere Steuernummer: 1234567890
Bankverbindung:
IBAN: DE17 2005 0550 1251 1234 00

Buchung zu Beleg 4: Ausgangsrechnung mit Frachtkosten

a) **Grundbuch**

Datum/Nr.	Geschäftsfall	Konto Soll	Konto Haben	Betrag €	Betrag €
22.05.	Ausgangsrechnung	Debitor Jenny		7.140,00	
			Erlöse		6.000,00
			Umsatzsteuer		1.140,00

T-Konten

S	Debitor Jenny	H
7.140,00		

S	Erlöse	H
		6.000,00

S	Umsatzsteuer	H
		1.140,00

DATEV-Buchungsliste (SKR 03)

Soll	Haben	B	USt	K	Gegen-konto-Nr.	Beleg-Nr.	Beleg-Datum	Konto-Nr.	Text	Skonto
	7.140,00			1	0800	052374	22.05.	8400		

DATEV-Buchungsliste (SKR 04)

Soll	Haben	B	USt	K	Gegen-konto-Nr.	Beleg-Nr.	Beleg-Datum	Konto-Nr.	Text	Skonto
	7.140,00			1	0800	052374	22.05.	4400		

b) In Rechnung gestellte Frachtkosten werden in der Regel nicht gesondert gebucht.

Beleg 5: Zahlungseingang zum Ausgleich einer Rechnung

Wie lautet die Buchung?

Kontoauszug	Hamburger Bank, IBAN: DE17 2005 0550 1251 1234 00			
Kontonummer	Kontobezeichnung		Vortrag vom	Auszug Nr.
1251/123400	INTER-FASHION Bekleidungsgroßhandel		06.12.20..	174
			Saldovortrag	69.500,00 €
Buchungstag	Wertstellung	Erläuterungen	Belastungen/Gutschriften	
07. Dez	07.12.	Gutschrift Adams Shop,		5.950,00 €
		Rechnung vom 07.10.20..		
		Auszug vom: 07. Dez	Neuer Saldo	
		Ihr Dispo: 100.000,00 €		75.450,00 €

INTER-FASHION

BEKLEIDUNGSGROSSHANDEL IM- UND EXPORT

Inh.: Tobias Münster • Rathausstr. 32 • 21465 Reinbek
Telefon (040) 7278337 • www.if-reinbek.de

INTER-FASHION, Postfach 11 06, 21451 Reinbek

Adams Shop
Herrenoberbekleidung
Mönckebergstraße 17
20095 Hamburg

Kunden-Nr.:	**10.010**
Lieferschein-Nr.:	**0210221**
Rechnungs-Nr.:	**104723**
Datum:	**07.10.20..**

Rechnung

Vielen Dank für Ihren Auftrag!
Am 06.10.20.. erhielten Sie zu den Ihnen bekannten Lieferungs- und Zahlungsbedingungen:

Anzahl	Artikelbezeichnung	Einzel-Preis	Gesamt
20	Herren-Trenchcoats „bossi", gefuttert, in den Größen 52 - 58	250,00 €	5.000,00 €
	+ 19 % Umsatzsteuer		950,00 €
			5.950,00 €

Zahlbar innerhalb von 14 Tagen mit 3 % Skonto oder innerhalb von 60 Tagen netto Kasse

Unsere Steuernummer: 1234567890
Bankverbindung:
IBAN: DE17 2005 0550 1251 1234 00

Buchung zu Beleg 5: Zahlungseingang zum Ausgleich einer Rechnung

Grundbuch

Datum/Nr.	Geschäftsfall	Konto Soll	Konto Haben	Betrag €	Betrag €
07.12.	HAMBA-Gutschrift Adam für RE v. 07.10.	HAMBA		5.950,00	
			Debitor Adam		5.950,00

T-Konten

S	HAMBA	H
5.950,00		

S	Debitor Adam	H
Sa.	*5.950,00*	5.950,00

DATEV-Buchungsliste (SKR 03)

Soll	Haben	B	USt	K	Gegen-konto-Nr.	Beleg-Nr.	Beleg-Datum	Konto-Nr.	Text	Skonto
5.950,00				1	0010	104723	07.12.	1200		

DATEV-Buchungsliste (SKR 04)

Soll	Haben	B	USt	K	Gegen-konto-Nr.	Beleg-Nr.	Beleg-Datum	Konto-Nr.	Text	Skonto
5.950,00				1	0010	104723	07.12.	1800		

Beleg 6: Zahlungseingang unter Abzug von Skonto

Wie lautet die Buchung?

Kontoauszug	Hamburger Bank, IBAN: DE17 2005 0550 1251 1234 00			
Kontonummer	Kontobezeichnung		Vortrag vom	Auszug Nr.
1251/123400	INTER-FASHION Bekleidungsgroßhandel		21.04.20..	65
			Saldovortrag	27.915,00 €
Buchungstag	Wertstellung	Erläuterungen	Belastungen/Gutschriften	
23. Apr	23.04.	Gutschrift A & C, Rechnung vom		10.284,81 €
		12.04.20.. = 10.602,90 € abzügl.		
		318,09 € Skonto		
		Auszug vom: 23. Apr	Neuer Saldo	
		Ihr Dispo: 100.000,00 €		38.199,81 €

INTER-FASHION

BEKLEIDUNGSGROSSHANDEL
IM- UND EXPORT

Inh.: Tobias Münster • Rathausstr. 32 • 21465 Reinbek
Telefon (040) 7278337 • www.if-reinbek.de

INTER-FASHION, Postfach 11 06, 21451 Reinbek

Bekleidungsunternehmen
A & C
Postfach 77 33 34
20097 Hamburg

Kunden-Nr.:	**10.001**
Lieferschein-Nr.:	**0204001**
Rechnungs-Nr.:	**041732**
Datum:	**12.04.20..**

Rechnung

Vielen Dank für Ihren Auftrag!
Am 12.04.20.. erhielten Sie zu den Ihnen bekannten Lieferungs- und Zahlungsbedingungen:

Anzahl	Artikel	Einzel-Preis	Gesamt
50	Herrenanzüge der Kollektion „sun", sortiert nach den Größen 48 - 56	198,00 €	9.900,00 €
	10 % Mengenrabatt		990,00 €
			8.910,00 €
	+ 19 % Umsatzsteuer		1.692,90 €
			10.602,90 €

Zahlbar innerhalb von 14 Tagen mit 3 % Skonto oder innerhalb von 60 Tagen netto Kasse

Unsere Steuernummer: 1234567890
Bankverbindung:
IBAN: DE17 2005 0550 1251 1234 00

Buchung zu Beleg 6: Zahlungseingang unter Abzug von Skonto

Grundbuch

Datum/Nr.	Geschäftsfall	Konto Soll	Konto Haben	Betrag €	Betrag €
23.04.	Gutschrift HAMBA für RE A & C vom 12.04. abzüglich 3 % Skonto	HAMBA		10.284,81	
		Gewährte Skonti		267,30	
		Umsatzsteuer		50,79	
			Debitor A & C		10.602,90

T-Konten

S	HAMBA	H
	10.284,81	

S	Gewährte Skonti	H
	267,30	

S	Umsatzsteuer	H
	50,79	

S	Debitor A & C	H
Sa.	*10.602,90*	10.602,90

DATEV-Buchungsliste (SKR 03)

Soll	Haben	B	USt	K	Gegen-konto-Nr.	Beleg-Nr.	Beleg-Datum	Konto-Nr.	Text	Skonto
10.284,81				1	0001	041732	23.04.	1200		318,09

DATEV-Buchungsliste (SKR 04)

Soll	Haben	B	USt	K	Gegen-konto-Nr.	Beleg-Nr.	Beleg-Datum	Konto-Nr.	Text	Skonto
10.284,81				1	0001	041732	23.04.	1800		318,09

MERKE

Als Betrag wird der auf dem Geldkonto eingegangene Wert eingetragen.

Gewährte Skonti werden in die Spalte „Skonto" brutto eingetragen. Durch diese Eintragung wird der Buchungssatz

Gewährte Skonti (8736 bzw. 4736)
Umsatzsteuer (1776 bzw. 3806)
an Debitor

erzeugt.

Beleg 7: Zahlungseingang zum Teilausgleich einer Rechnung

a) Wie lautet die Buchung, wenn nur 3 % Skonto akzeptiert werden?

b) Welcher Betrag steht noch offen?

Kontoauszug	**Hamburger Bank, IBAN: DE17 2005 0550 1251 1234 00**			
Kontonummer	Kontobezeichnung		Vortrag vom	Auszug Nr.
1251/123400	INTER-FASHION Bekleidungsgroßhandel		03.06.20..	82
			Saldovortrag	-4.693,00 €
Buchungstag	Wertstellung	Erläuterungen	Belastungen/Gutschriften	
05. Jun	05.06.	Gutschrift Jennys Boutique		6.900,00 €
		zum Ausgleich der Rechnung		
		vom 22.05.20..		
		Auszug vom: 05. Jun	Neuer Saldo	
		Ihr Dispo: 100.000,00 €		2.207,00 €

INTER-FASHION

BEKLEIDUNGSGROSSHANDEL
IM- UND EXPORT

Inh.: Tobias Münster • Rathausstr. 32 • 21465 Reinbek
Telefon (040) 7278337 • www.if-reinbek.de

INTER-FASHION, Postfach 11 06, 21451 Reinbek

Jennys Boutique
Markt 10
04109 Leipzig

Kunden-Nr.:	**10800**
Lieferschein-Nr.:	**0205091**
Rechnungs-Nr.:	**052374**
Datum:	**22.05.20..**

Rechnung

Vielen Dank für Ihren Auftrag!
Am 22.05.20.. erhielten Sie zu den Ihnen bekannten Lieferungs- und Zahlungsbedingungen:

Anzahl	Artikelbezeichnung	Einzel-Preis	Gesamt
100	Damenblusen „Trend“, sortiert nach den Größen 36 - 42	38,00 €	3.800,00 €
50	Jeans „Lewis“, verschiedene Größen	40,00 €	2.000,00 €
	Warenwert		5.800,00 €
	anteilige Frachtkosten		200,00 €
			6.000,00 €
	+ 19 % Umsatzsteuer		1.140,00 €
			7.140,00 €

Zahlbar innerhalb von 14 Tagen mit 3 % Skonto oder innerhalb von 60 Tagen netto Kasse

Unsere Steuernummer: 1234567890
Bankverbindung:
IBAN: DE17 2005 0550 1251 1234 00

Buchung zu Beleg 7: Zahlungseingang zum Teilausgleich einer Rechnung

a) **Grundbuch**

Datum/Nr.	Geschäftsfall	Konto Soll	Konto Haben	Betrag €	Betrag €
05.06.	Gutschrift HAMBA für RE Jenny vom 22.05. abzüglich 3 % Skonto	HAMBA		6.900,00	
		Gewährte Skonti		179,33	
		Umsatzsteuer		34,07	
			Debitor Jenny		7.113,40

T-Konten

S	HAMBA	H
	6.900,00	

S	Gewährte Skonti	H
	179,33	

S	Umsatzsteuer	H
	34,07	

S	Debitor A & C	H
Sa.	*7.140,00*	7.113,40

DATEV-Buchungsliste (SKR 03)

Soll	Haben	B	USt	K	Gegen-konto-Nr.	Beleg-Nr.	Beleg-Datum	Konto-Nr.	Text	Skonto
6.900,00				1	0800	052374	05.06.	1200		213,40

DATEV-Buchungsliste (SKR 04)

Soll	Haben	B	USt	K	Gegen-konto-Nr.	Beleg-Nr.	Beleg-Datum	Konto-Nr.	Text	Skonto
6.900,00				1	0800	052374	05.06.	1800		213,40

b) Rechnungsbetrag = 7.140,00 €
abzüglich Zahlung brutto = 7.113,40 €
Restforderung 26,60 €

$$\frac{6.900 \cdot 3}{97} = \textbf{213,40 € Skonto}$$

Beleg 8: Warenrücksendung

Wie lautet die Buchung?

INTER-FASHION

BEKLEIDUNGSGROSSHANDEL
IM- UND EXPORT

Inh.: Tobias Münster • Rathausstr. 32 • 21465 Reinbek
Telefon (040) 7278337 • www.if-reinbek.de

INTER-FASHION, Postfach 11 06, 21451 Reinbek

Adams Shop
Herrenoberbekleidung
Mönckebergstraße 17
20095 Hamburg

Kunden-Nr.:	**10.010**
Lieferschein-Nr.:	
Gutschrift-Nr.:	**115129**
Datum:	**05.11.20..**

Gutschriftsanzeige

für von Ihnen zurückgesandte Artikel:

Anzahl	Artikel	Einzel-Preis	Gesamt
5	Herren-Trenchcoats „bossi", gefüttert, Größe 58 + 19 % Umsatzsteuer	250,00 €	1.250,00 € 237,50 €
			1.487,50 €

Wir bitten um Verrechnung mit der nächsten Lieferung.

Unsere Steuernummer: 1234567890
Bankverbindung:
IBAN: DE17 2005 0550 1251 1234 00

Buchung zu Beleg 8: Warenrücksendung

Grundbuch

Datum/Nr.	Geschäftsfall	Konto Soll	Konto Haben	Betrag €	Betrag €
05.11.	Gutschrift wg. Warenrücksendung	Erlöse Warenverkauf		1.250,00	
		Umsatzsteuer		237,50	
			Debitor Adam		1.487,50

T-Konten

S	Erlöse WV	H
1.250,00		

S	Umsatzsteuer	H
237,50		

S	Debitor Adam	H
		1.487,50

DATEV-Buchungsliste (SKR 03)

Soll	Haben	B	USt	K	Gegen-konto-Nr.	Beleg-Nr.	Beleg-Datum	Konto-Nr.	Text	Skonto
1.487,50				1	0010	115129	05.11.	8400		

DATEV-Buchungsliste (SKR 04)

Soll	Haben	B	USt	K	Gegen-konto-Nr.	Beleg-Nr.	Beleg-Datum	Konto-Nr.	Text	Skonto
1.487,50				1	0010	115129	05.11.	4400		

MERKE

Warenrücksendungen werden wie bei einer Storno-Buchung im Soll des Erlös- und Umsatzsteuerkontos gebucht, d. h. der Umsatz wird rückgängig gemacht.

Beleg 9: Gewährter Bonus

Wie lautet die Buchung?

INTER-FASHION
BEKLEIDUNGSGROSSHANDEL
IM- UND EXPORT

Inh.: Tobias Münster • Rathausstr. 32 • 21465 Reinbek
Telefon (040) 7278337 • www.if-reinbek.de

INTER-FASHION, Postfach 11 06, 21451 Reinbek

Adams Shop
Herrenoberbekleidung
Mönckebergstraße 17
20095 Hamburg

Kunden-Nr.:	**10.010**
Lieferschein-Nr.:	
Gutschrift-Nr.:	**020847**
Datum:	**21.02.20..**

Gutschriftsanzeige

Sehr geehrte Damen und Herren,

aufgrund der mit Ihnen im vergangenen Kalenderjahr getätigten Umsätze gewähren wir Ihnen folgenden Bonus:

	Umsatz	**200.000,00 €**
3 %	**Gewährter Bonus**	**6.000,00 €**
19 %	**Umsatzsteuer**	**1.140,00 €**
	insgesamt	**7.140,00 €**

Wir danken Ihnen für das entgegengebrachte Vertrauen
und freuen uns auf eine weitere gute Zusammenarbeit.

Unsere Steuernummer: 1234567890
Bankverbindung:
IBAN: DE17 2005 0550 1251 1234 00

Buchung zu Beleg 9: Gewährter Bonus

Grundbuch

Datum/Nr.	Geschäftsfall	Konto Soll	Konto Haben	Betrag €	Betrag €
21.02.	Gewährter Bonus an Kunden Adam	Gewährte Boni		6.000,00	
		Umsatzsteuer		1.140,00	
			Debitor Adam		7.140,00

T-Konten

S	Gewährte Boni	H
6.000,00		

S	Umsatzsteuer	H
1.1400,00		

S	Debitor Adam	H
		7.140,00

DATEV-Buchungsliste (SKR 03)

Soll	Haben	B	USt	K	Gegen-konto-Nr.	Beleg-Nr.	Beleg-Datum	Konto-Nr.	Text	Skonto
7.140,00				1	0010	020847	21.02.	8760		

DATEV-Buchungsliste (SKR 04)

Soll	Haben	B	USt	K	Gegen-konto-Nr.	Beleg-Nr.	Beleg-Datum	Konto-Nr.	Text	Skonto
7.140,00				1	0010	020847	21.02.	4760		

MERKE

Nachträgliche Boni werden nicht über das Erlöskonto gebucht, sondern über das Konto „Gewährte Boni“.

Beleg 10: Anzahlungsrechnung mit Umsatzsteuerausweis

Wie lautet die Buchung?

INTER-FASHION
BEKLEIDUNGSGROSSHANDEL
IM- UND EXPORT

Inh.: Tobias Münster • Rathausstr. 32 • 21465 Reinbek
Telefon (040) 7278337 • www.if-reinbek.de

INTER-FASHION, Postfach 11 06, 21451 Reinbek

Bekleidungsunternehmen
Juliane Reckewig
Wissmannstraße 10
12049 Berlin

Kunden-Nr.:	**11.700**
Lieferschein-Nr.:	
Rechnungs-Nr.:	**052396**
Datum:	**25.05.20..**

Anzahlung

Sehr verehrte Frau Reckewig,

vielen Dank für Ihren Auftrag vom 12.05.20.. über 50.000,00 €.
Vereinbarungsgemäß erbitten wir eine Anzahlung in Höhe von 10 %.

10 % von 50.000,00 €	**5.000,00 €**
+ 19 % Umsatzsteuer	**950,00 €**
	5.950,00 €

Bitte bezahlen Sie den Betrag innerhalb einer Woche auf das unten genannte Konto.

Unsere Steuernummer: 1234567890
Bankverbindung:
IBAN: DE17 2005 0550 1251 1234 00

Buchung zu Beleg 10: Anzahlungsrechnung mit Umsatzsteuerausweis

Grundbuch

Datum/Nr.	Geschäftsfall	Konto Soll	Konto Haben	Betrag Euro	Betrag Euro
	Keine Buchung				

T-Konten

S H S H S H

DATEV-Buchungsliste (SKR 03)

Soll	Haben	B	USt	K	Gegen-konto-Nr.	Beleg-Nr.	Beleg-Datum	Konto-Nr.	Text	Skonto

DATEV-Buchungsliste (SKR 04)

Soll	Haben	B	USt	K	Gegen-konto-Nr.	Beleg-Nr.	Beleg-Datum	Konto-Nr.	Text	Skonto

MERKE

Eine Anzahlungsrechnung wird nicht gebucht. Es handelt sich lediglich um eine Zahlungserinnerung. Eine Leistung wurde bisher nicht erbracht. Die Umsatzsteuer ist erst bei Zahlung fällig. Für die Kundin Reckewig ist der Beleg notwendige Voraussetzung für den Vorsteuerabzug.

Beleg 11: Anzahlung eines Kunden mit Umsatzsteuer

Wie lautet die Buchung?

Kontoauszug	**Hamburger Bank, IBAN: DE17 2005 0550 1251 1234 00**			
Kontonummer	Kontobezeichnung		Vortrag vom	Auszug Nr.
1251/123400	INTER-FASHION Bekleidungsgroßhandel		04.06.20..	91
			Saldovortrag	43.756,00 €
Buchungstag	Wertstellung	Erläuterungen	Belastungen/Gutschriften	
05. Jun	05.06.	Gutschrift Reckewig		5.950,00 €
		Anzahlung lt. Rechnung		
		vom 25.05.20..		
		Auszug vom: 05. Jun	Neuer Saldo	
		Ihr Dispo: 100.000,00 €		49.706,00 €

INTER-FASHION

BEKLEIDUNGSGROSSHANDEL

IM- UND EXPORT

Inh.: Tobias Münster • Rathausstr. 32 • 21465 Reinbek
Telefon (040) 7278337 • www.if-reinbek.de

INTER-FASHION, Postfach 11 06, 21451 Reinbek

Bekleidungsunternehmen
Juliane Reckewig
Wissmannstraße 10
12049 Berlin

Kunden-Nr.:	**11.700**
Lieferschein-Nr.:	
Rechnungs-Nr.:	**052396**
Datum:	**25.05.20..**

Anzahlung

Sehr verehrte Frau Reckewig,

vielen Dank für Ihren Auftrag vom 12.05.20.. über 50.000,00 €.
Vereinbarungsgemäß erbitten wir eine Anzahlung in Höhe von 10 %.

10 %	**von 50.000,00 €**	**5.000,00 €**
+ 19 %	**Umsatzsteuer**	**950,00 €**
		5.950,00 €

Bitte bezahlen Sie den Betrag innerhalb einer Woche auf das unten genannte Konto.

Unsere Steuernummer: 1234567890
Bankverbindung:
IBAN: DE17 2005 0550 1251 1234 00

Buchung zu Beleg 11: Anzahlung eines Kunden mit Umsatzsteuer

Grundbuch

Datum/Nr.	Geschäftsfall	Konto Soll	Konto Haben	Betrag €	Betrag €
05.06.	Gutschrift HAMBA für Anzahlung Reckewig	HAMBA		5.950,00	
			Erhaltene Anzahlung		5.000,00
			Umsatzsteuer		950,00

T-Konten

S	HAMBA	H
5.950,00		

S	Erhaltene Anzahlung	H
		5.000,00

S	Umsatzsteuer	H
		950,00

DATEV-Buchungsliste (SKR 03)

Soll	Haben	B	USt	K	Gegen-konto-Nr.	Beleg-Nr.	Beleg-Datum	Konto-Nr.	Text	Skonto
5.950,00					1718	052396	05.06.	1200		

DATEV-Buchungsliste (SKR 04)

Soll	Haben	B	USt	K	Gegen-konto-Nr.	Beleg-Nr.	Beleg-Datum	Konto-Nr.	Text	Skonto
5.950,00					3272	052396	05.06.	1800		

MERKE

Eine Buchung als Erlös erfolgt noch nicht, weil noch keine Leistung erbracht wurde. Trotzdem ist die Umsatzsteuer gemäß § 13 Abs. 1 Buchstabe a) Satz 4 UStG bereits fällig.

Beleg 12: Ausgangsrechnung mit Verrechnung einer Anzahlung

Wie lautet die Buchung?

INTER-FASHION

BEKLEIDUNGSGROSSHANDEL
IM- UND EXPORT

Inh.: Tobias Münster • Rathausstr. 32 • 21465 Reinbek
Telefon (040) 7278337 • www.if-reinbek.de

INTER-FASHION, Postfach 11 06, 21451 Reinbek

Bekleidungsunternehmen
Juliane Reckewig
Wissmannstraße 10
12049 Berlin

Kunden-Nr.:	**11.700**
Lieferschein-Nr.:	**0110221**
Rechnungs-Nr.:	**083820**
Datum:	**22.08.20..**

Rechnung

Vielen Dank für Ihren Auftrag vom 12.05.20..
Am 21.08.20.. erhielten Sie zu den Ihnen bekannten Lieferungs- und Zahlungsbedingungen:

Anzahl	Artikelbezeichnung	Einzel-Preis	Gesamt
200	Herren-Trenchcoats „bossi“		
	gefüttert, in den Größen 52 - 58	250,00 €	50.000,00 €
	+ 19 % Umsatzsteuer		9.500,00 €
			59.500,00 €
	abzüglich Anzahlung vom 05.06.20..	5.000,00 €	
	+ 19 % Umsatzsteuer	950,00 €	5.950,00 €
	Restzahlung		53.550,00 €

Zahlbar innerhalb von 14 Tagen mit 3 % Skonto oder innerhalb von 60 Tagen netto Kasse

Unsere Steuernummer: 1234567890
Bankverbindung:
IBAN: DE17 2005 0550 1251 1234 00

Buchung zu Beleg 12: Ausgangsrechnung mit Verrechnung einer Anzahlung

Grundbuch

Datum/Nr.	Geschäftsfall	Konto Soll	Konto Haben	Betrag €	Betrag €
(1) 22.08.	AR an Reckewig	Debitor Reckewig		59.500,00	
			Erlöse Warenverkauf		50.000,00
			Umsatzsteuer		9.500,00
(2) 22.08.		Erhaltene Anzahlung		5.000,00	
		Umsatzsteuer		950,00	
			Debitor Reckewig		5.950,00

T-Konten

S	Debitor Reckewig		H
(1)	59.500,00	(2)	5.950,00

S	Erlöse WV		H
		(1)	50.000,00

S	Umsatzsteuer		H
(2)	950,00	(1)	9.500,00

S	Erhaltene Anzahlung		H
(2)	5.000,00	*Sa.*	*5.000,00*

DATEV-Buchungsliste (SKR 03)

Soll	Haben	B	USt	K	Gegen-konto-Nr.	Beleg-Nr.	Beleg-Datum	Konto-Nr.	Text	Skonto
	59.500,00			1	1700	083820	22.08.	8400		
5.950,00				1	1700	052396		1718		

DATEV-Buchungsliste (SKR 04)

Soll	Haben	B	USt	K	Gegen-konto-Nr.	Beleg-Nr.	Beleg-Datum	Konto-Nr.	Text	Skonto
	59.500,00			1	1700	083820	22.08.	4400		
5.950,00				1	1700	052396		3272		

Beleg 13: Anzahlungsrechnung ohne Umsatzsteuerausweis

Wie lautet die Buchung?

INTER-FASHION

BEKLEIDUNGSGROSSHANDEL
IM- UND EXPORT

Inh.: Tobias Münster • Rathausstr. 32 • 21465 Reinbek
Telefon (040) 7278337 • www.if-reinbek.de

INTER-FASHION, Postfach 11 06, 21451 Reinbek

Damen- und Herrenoberbekleidung
Friedrich Habbe
Obermarktstraße 12
32429 Minden

Kunden-Nr.:	**10.780**
Lieferschein-Nr.:	
Rechnungs-Nr.:	**010244**
Datum:	**12.01.20..**

Anzahlung

Sehr geehrter Herr Habbe,

vielen Dank für Ihren Auftrag vom 03.01.20.. über 60.000,00 €.
Vereinbarungsgemäß erbitten wir eine Anzahlung in Höhe von 20 %.

20 %	von 60.000,00 €	12.000,00 €
		12.000,00 €

Bitte bezahlen Sie den Betrag innerhalb einer Woche auf das unten genannte Konto.

Unsere Steuernummer: 1234567890
Bankverbindung:
IBAN: DE17 2005 0550 1251 1234 00

Buchung zu Beleg 13: Anzahlungsrechnung ohne Umsatzsteuerausweis

Grundbuch

Datum/Nr.	Geschäftsfall	Konto Soll	Konto Haben	Betrag Euro	Betrag Euro
	Keine Buchung				

T-Konten

S H S H S H

DATEV-Buchungsliste (SKR 03)

Soll	Haben	B	USt	K	Gegen-konto-Nr.	Beleg-Nr.	Beleg-Datum	Konto-Nr.	Text	Skonto

DATEV-Buchungsliste (SKR 04)

Soll	Haben	B	USt	K	Gegen-konto-Nr.	Beleg-Nr.	Beleg-Datum	Konto-Nr.	Text	Skonto

MERKE

Eine Anzahlungsrechnung wird nicht gebucht. Es handelt sich lediglich um eine Zahlungserinnerung. Eine Leistung wurde bisher nicht erbracht. Die Umsatzsteuer ist erst bei Zahlung fällig.

Beleg 14: Anzahlung eines Kunden ohne Umsatzsteuer

Wie lautet die Buchung?

Kontoauszug	Hamburger Bank, IBAN: DE17 2005 0550 1251 1234 00			
Kontonummer	Kontobezeichnung		Vortrag vom	Auszug Nr.
1251/123400	INTER-FASHION Bekleidungsgroßhandel		15.01.20..	7
			Saldovortrag	40.000,00 €
Buchungstag	Wertstellung	Erläuterungen	Belastungen/Gutschriften	
17. Jan	17.01.	Gutschrift Habbe		12.000,00 €
		Anzahlung lt. Rechnung		
		vom 12.01.20..		
		Auszug vom: 17. Jan	Neuer Saldo	
		Ihr Dispo: 100.000,00 €		52.000,00 €

INTER-FASHION

BEKLEIDUNGSGROSSHANDEL

IM- UND EXPORT

Inh.: Tobias Münster • Rathausstr. 32 • 21465 Reinbek
Telefon (040) 7278337 • www.if-reinbek.de

INTER-FASHION, Postfach 11 06, 21451 Reinbek

Damen- und Herrenoberbekleidung
Friedrich Habbe
Obermarktstraße 12
32429 Minden

Kunden-Nr.:	**10.780**
Lieferschein-Nr.:	
Rechnungs-Nr.:	**010244**
Datum:	**12.01.20..**

Anzahlung

Sehr geehrter Herr Habbe,

vielen Dank für Ihren Auftrag vom 03.01.20.. über 60.000,00 €.
Vereinbarungsgemäß erbitten wir eine Anzahlung in Höhe von 20 %.

20 %	von 60.000,00 €	12.000,00 €
		12.000,00 €

Bitte bezahlen Sie den Betrag innerhalb einer Woche auf das unten genannte Konto.

Unsere Steuernummer: 1234567890
Bankverbindung:
IBAN: DE17 2005 0550 1251 1234 00

Buchung zu Beleg 14: Anzahlung eines Kunden ohne Umsatzsteuer

Grundbuch

Datum/Nr.	Geschäftsfall	Konto Soll	Konto Haben	Betrag €	Betrag €
17.01.	Gutschrift HAMBA für Anzahlung Habbe	HAMBA		12.000,00	
			Erhaltene Anzahlung		10.084,03
			Umsatzsteuer		1.915,97

T-Konten

S	HAMBA	H
12.000,00		

S	Erhaltene Anzahlung	H
		10.084,03

S	Umsatzsteuer	H
		1.915,97

DATEV-Buchungsliste (SKR 03)

Soll	Haben	B	USt	K	Gegen-konto-Nr.	Beleg-Nr.	Beleg-Datum	Konto-Nr.	Text	Skonto
12.000,00					1718	010244	17.01.	1200		

DATEV-Buchungsliste (SKR 04)

Soll	Haben	B	USt	K	Gegen-konto-Nr.	Beleg-Nr.	Beleg-Datum	Konto-Nr.	Text	Skonto
12.000,00					3272	010244	17.01.	1800		

MERKE

Obwohl noch keine Leistung erbracht wurde und in der Anzahlungsrechnung keine Umsatzsteuer berechnet wurde, ist die Umsatzsteuer bereits gemäß § 13 Abs. 1 Buchstabe a) Satz 4 UStG fällig.

Beleg 15: Ausgangsrechnung unter Verrechnung einer Anzahlung ohne Umsatzsteuer

Wie lautet die Buchung?

INTER-FASHION

BEKLEIDUNGSGROSSHANDEL
IM- UND EXPORT

Inh.: Tobias Münster • Rathausstr. 32 • 21465 Reinbek
Telefon (040) 7278337 • www.if-reinbek.de

INTER-FASHION, Postfach 11 06, 21451 Reinbek

Damen- und Herrenoberbekleidung
Friedrich Habbe
Obermarktstraße 12
32429 Minden

Kunden-Nr.:	**10.780**
Lieferschein-Nr.:	**1478529**
Rechnungs-Nr.:	**3124578**
Datum:	**21.03.20..**

Rechnung

Vielen Dank für Ihren Auftrag vom 03.01.20..
Am 20.03.20.. erhielten Sie zu den Ihnen bekannten Lieferungs- und Zahlungsbedingungen:

Anzahl	Artikelbezeichnung	Einzel-Preis	Gesamt
240	Herren-Trenchcoats „bossi“, gefüttert, in den Größen 52 - 58	250,00 €	60.000,00 €
	+ 19 % Umsatzsteuer		11.400,00 €
			71.400,00 €
	abzüglich Anzahlung vom 17.01.20..		12.000,00 €
	Restzahlung		59.400,00 €

Zahlbar innerhalb von 14 Tagen mit 3 % Skonto oder innerhalb von 60 Tagen netto Kasse

Unsere Steuernummer: 1234567890
Bankverbindung:
IBAN: DE17 2005 0550 1251 1234 00

Buchung zu Beleg 15: Ausgangsrechnung unter Verrechnung einer Anzahlung ohne Umsatzsteuer

Grundbuch

Datum/Nr.	Geschäftsfall	Konto Soll	Konto Haben	Betrag €	Betrag €
(1) 21.03.	AR an Habbe	Debitor Habbe		71.400,00	
			Erlöse Warenverkauf		60.000,00
			Umsatzsteuer		11.400,00
(2) 21.03.	Verrechnung Anzahlung	Erhaltene Anzahlung		10.084,03	
		Umsatzsteuer		1.915,97	
			Debitor Habbe		12.000,00

T-Konten

S	Debitor Habbe		H
(1)	71.400,00	(2)	12.000,00

S	Erlöse WV		H
		(1)	60.000,00

S	Umsatzsteuer		H
(1)	1.915,97	(1)	11.400,00

S	Erhaltene Anzahlung		H
(2)	10.084,03	*Sa.*	*10.084,03*

DATEV-Buchungsliste (SKR 03)

Soll	Haben	B	USt	K	Gegen-konto-Nr.	Beleg-Nr.	Beleg-Datum	Konto-Nr.	Text	Skonto
	71.400,00			1	0780	03124578	21.03.	8400		
12.000,00				1	0780			1718		

DATEV-Buchungsliste (SKR 04)

Soll	Haben	B	USt	K	Gegen-konto-Nr.	Beleg-Nr.	Beleg-Datum	Konto-Nr.	Text	Skonto
	71.400,00			1	0780	03124578	21.03.	4400		
12.000,00				1	0780			3272		

Beleg 16: Ausgangsfracht

Wie lautet die Buchung?

RUDOLF WALTERBEK
INTERNATIONALE SPEDITION - LAGERHAUS

Rudolf Walterbek, Postfach 4 06, 30175 Hannover

INTER-FASHION
Bekleidungsgroßhandel
Postfach 11 06
21451 Reinbek

Ihre Zeichen,	Unsere Zeichen,	Telefon	Hannover
Ihre Nachricht vom	unsere Nachricht vom	(0511) 41 55 - 58	25.05.20..

Rechnung Nr. 125267-02

Tag der Lieferung: 22.05.20..

Wir lieferten auftragsgemäß an Jennys Boutique:

Pos.	Menge	Einheiten	Bezeichnung	Summe
1	10	Karton	Damenblusen	
2	5	Karton	Jeans	
			Fracht	180,00 €
				180,00 €
			USt 19 %	34,20 €
			Rechnungsbetrag	214,20 €

Zahlbar netto nach Erhalt der Rechnung.

E-Mail: info@spedition-walterbek.eu IBAN: DE28 2501 0030 0116 6123 00

Unsere Steuernummer: 1234567890
Handelsregister-Nr. A 6224 beim Amtsgericht Hannover
Erfüllungsort und Gerichtsstand für beide Teile Hannover

Buchung zu Beleg 16: Ausgangsfracht

Grundbuch

Datum/Nr.	Geschäftsfall	Konto Soll	Konto Haben	Betrag €	Betrag €
25.05.	Rechnung Ausgangsfracht	Ausgangsfrachten		180,00	
		Vorsteuer		34,20	
			Kreditor Walterbek		214,20

T-Konten

S	Ausgangsfrachten	H
180,00		

S	Vorsteuer	H
34,20		

S	Kreditor Walterbek	H
		214,20

DATEV-Buchungsliste (SKR 03)

Soll	Haben	B	USt	K	Gegen-konto-Nr.	Beleg-Nr.	Beleg-Datum	Konto-Nr.	Text	Skonto
214,20			9	7	2230	125267	25.05.	4730		

DATEV-Buchungsliste (SKR 04)

Soll	Haben	B	USt	K	Gegen-konto-Nr.	Beleg-Nr.	Beleg-Datum	Konto-Nr.	Text	Skonto
214,20			9	7	2230	125267	25.05.	6740		

MERKE

Soweit Frachten und Versicherungen einen Warenverkauf betreffen, sind sie als Aufwand auf den Konten 4730 bzw. 6740 zu erfassen.

3. Privatbuchungen

Beleg 1: Barentnahme

Wie lautet die Buchung?

Netto €		Cs		**Quittung**
+ % MwSt €		Cs		Nr.
Gesamt €	*200*	Cs	*00*	**Eigenbeleg**
Gesamtbetrag € in Worten				
zweihundert				Cent wie oben
(im Gesamtbetrag sind _______ % Mehrwertsteuer enthalten.)				
von				
für *Entnahme bar*				
richtig erhalten zu haben bestätigt				
Ort *Reinbek*			Datum *02.08.20..*	
Buchungsvermerke			Stempel/Unterschrift *Tobias Münster*	

Buchung zu Beleg 1: Barentnahme

Grundbuch

Datum/Nr.	Geschäftsfall	Konto Soll	Konto Haben	Betrag €	Betrag €
02.08.	Barentnahme	Privatentnahmen		200,00	
			Kasse		200,00

T-Konten

S	Privatentnahme	H
200,00		

S	Kasse	H
		200,00

DATEV-Buchungsliste (SKR 03)

Soll	Haben	B	USt	K	Gegen-konto-Nr.	Beleg-Nr.	Beleg-Datum	Konto-Nr.	Text	Skonto
	200,00				1800		02.08.	1000		

DATEV-Buchungsliste (SKR 04)

Soll	Haben	B	USt	K	Gegen-konto-Nr.	Beleg-Nr.	Beleg-Datum	Konto-Nr.	Text	Skonto
	200,00				2100		02.08.	1600		

Beleg 2: Einkommensteuer-Vorauszahlung

a) Wie ist zu buchen?

b) Welche Gewinnauswirkung ergibt sich?

Kontoauszug	Hamburger Bank, IBAN: DE17 2005 0550 1251 1234 00			
Kontonummer	Kontobezeichnung		Vortrag vom	Auszug Nr.
1251/123400	INTER-FASHION Bekleidungsgroßhandel		08.09.20..	127
			Saldovortrag	17.456,00 €
Buchungstag	Wertstellung	Erläuterungen	Belastungen/Gutschriften	
10. Sep	10.09.	Einzug Einkommensteuer-VZ	2.110,00 €	
		3. Quartal 20.. für St-Nr.		
		3022313215 Eheleute		
		Münster		
		Auszug vom: 10. Sep	Neuer Saldo	
		Ihr Dispo: 100.000,00 €		15.346,00 €

Finanzamt Stormarn
Amtsprüfstelle 17, Zimmer 414
Steuernummer: 3022313215
(Bitte bei Rückfragen angeben)

23843 Bad Oldesloe, 15.01.20..
Berliner Ring 25

Telefon: (04531) 5 07 - 3 21
Telefax: (04531) 5 07 - 3 22

Finanzamt Stormarn
23840 Bad Oldesloe

Herrn und Frau
Tobias und Tatjana Münster
Rathausstraße 32

21465 Reinbek

Vorauszahlungsbescheid
über
Einkommensteuer und
Solidaritätszuschlag

Festsetzung der Vorauszahlungen

Vorauszahlungen	Einkommen-steuer €	Kirchen-steuer €	Solidaritäts-zuschlag €	Insgesamt €
Es werden festgesetzt (und sind zu entrichten): für 20.. jeweils zum 10.3., 10.6., 10.9. und 10.12.	2.110,00	0,00	0,00	2.110,00

Vorauszahlungsbetrage werden aufgrund der von Ihnen erteilten Einzugsermächtigung bei Fälligkeit abgebucht.

Besteuerungsgrundlagen zur Festsetzung nächste Seite.

Konto des Finanzamtes:
IBAN: DE08 2000 0000 0020 2015 51

Buchung zu Beleg 2: Einkommensteuer-Vorauszahlung

a) **Grundbuch**

Datum/Nr.	Geschäftsfall	Konto Soll	Konto Haben	Betrag €	Betrag €
10.09.	Einkommensteuer und Solidaritätszuschlag	Privatsteuern		2.110,00	
			HAMBA		2.110,00

T-Konten

S	Privatsteuern	H
2.110,00		

S	HAMBA	H
		2.110,00

DATEV-Buchungsliste (SKR 03)

Soll	Haben	B	USt	K	Gegen-konto-Nr.	Beleg-Nr.	Beleg-Datum	Konto-Nr.	Text	Skonto
	2.110,00				1810		10.09.	1200		

DATEV-Buchungsliste (SKR 04)

Soll	Haben	B	USt	K	Gegen-konto-Nr.	Beleg-Nr.	Beleg-Datum	Konto-Nr.	Text	Skonto
	2.110,00				2150		10.09.	1800		

b) Das Konto Privatsteuern wird über das Konto Eigenkapital abgeschlossen. Private Ausgaben wirken sich nicht auf die Höhe des Gewinns aus.

MERKE

Gemäß § 12 Nr. 3 EStG gehören die Steuern vom Einkommen zu den nicht abzugsfähigen Ausgaben, es ergibt sich also keine Gewinnauswirkung.

Beleg 3: Gebäudeversicherung

a) Wie ist zu buchen?

b) Wovon ist es abhängig, ob Grundstücksaufwendungen Betriebsausgaben sind?

HAV

Versicherung auf Gegenseitigkeit

Niederlassung Nord
Großer Burstah 45
20457 Hamburg
Tel (040) 361 50-0
Fax (040) 361 50-295

Telefonservice
Vertrag: (040) 361 50-150
Schaden: (040) 361 50-160

IBAN: DE14 2501 0030 0540 5723 05

HAV - Postfach 11 15 25 - 20415 Hamburg

Eheleute
Tatjana und Tobias Münster
Eichenbusch 3
21465 Reinbek

Hannover, den 01.01.20..

Ihre Versicherungsnummer bitte immer angeben
20-067358-017 0000000

Beitragsrechnung

Sehr geehrte Damen und Herren,

für Ihre nachstehende Versicherung sind die Beiträge am 01.01.20.. fällig.
Bitte lesen Sie auch die Hinweise auf der Rückseite.

Mit freundlichen Grüßen
Ihr HAV

Beitragsrechnung in • für die Zeit vom 01.01.20.. bis 31.12.20..
1/1 - jährliche Zahlweise; Hauptfälligkeit 01.01.

Versicherungsvertrag		Beitrag inkl. Vers.-St.
20-067358-017-09018: Gebäude		255,26 €
	Endbetrag:	255,26 €

Der Endbetrag wird von Ihrem Konto IBAN: DE17 2005 0550 1251 1234 00 abgebucht.

Hinweise zum Versicherungsvertrag:

Wohngebäude-Versicherung Nr. 20-067358-017-09018

Die Beitragsrichtzahl/der Beitragsfaktor beträgt unverändert 2.550/25,5.

Versicherungsgrundstück:
21465 Reinbek, Eichenbusch 3

*abgebucht am 10.01.
vom HAMBA-Konto*

Buchung zu Beleg 3: Gebäudeversicherung

a) **Grundbuch**

Datum/Nr.	Geschäftsfall	Konto Soll	Konto Haben	Betrag €	Betrag €
10.01.	BÜ Wohngebäudeversicherung	Private Grundstücksaufwendungen		255,26	
			HAMBA		255,26

T-Konten

S	Private Grundst.-Aufw.	H
255,26		

S	HAMBA	H
		255,26

DATEV-Buchungsliste (SKR 03)

Soll	Haben	B	USt	K	Gegenkonto-Nr.	Beleg-Nr.	Beleg-Datum	Konto-Nr.	Text	Skonto
	255,26				1860		10.01.	1200		

DATEV-Buchungsliste (SKR 04)

Soll	Haben	B	USt	K	Gegenkonto-Nr.	Beleg-Nr.	Beleg-Datum	Konto-Nr.	Text	Skonto
	255,26				2300		10.01.	1800		

b) Gehört ein Grundstück zum Betriebsvermögen, sind die Grundstücksaufwendungen Betriebsausgaben. Bei Einzelunternehmen und Personengesellschaften gehören privat genutzte Grundstücke oder Grundstücksteile (z. B. Wohnung im Betriebsgebäude) stets zum notwendigen Privatvermögen. Die darauf entfallenden Aufwendungen sind keine Betriebsausgaben.

MERKE

Grundstücksaufwendungen sind nur dann Betriebsausgaben, wenn bzw. soweit das Grundstück zum Betriebsvermögen gehört.

Beleg 4: Wohnungsmiete

Wie lautet die Buchung?

Kontoauszug	**Hamburger Bank, IBAN: DE17 2005 0550 1251 1234 00**			
Kontonummer	Kontobezeichnung		Vortrag vom	Auszug Nr.
1251/123400	INTER-FASHION Bekleidungsgroßhandel		30.06.20..	91
			Saldovortrag	9.251,00 €
Buchungstag	Wertstellung	Erläuterungen	Belastungen/Gutschriften	
01. Jul	01.07.	Lastschrift	500,00 €	
		Wohnungsmiete		
		Claudia Münster		
		Auszug vom: 01. Jul	Neuer Saldo	
		Ihr Dispo: 100.000,00 €		8.751,00 €

Beleg 5: Krankenversicherung

Wie lautet die Buchung?

Kontoauszug	**Hamburger Bank, IBAN: DE17 2005 0550 1251 1234 00**			
Kontonummer	Kontobezeichnung		Vortrag vom	Auszug Nr.
1251/123400	INTER-FASHION Bekleidungsgroßhandel		31.01.20..	16
			Saldovortrag	456,00 €
Buchungstag	Wertstellung	Erläuterungen	Belastungen/Gutschriften	
01. Feb	01.02.	Lastschrift	342,00 €	
		Iduna Krankenversicherung		
		Tobias Münster		
		Auszug vom: 01. Feb	Neuer Saldo	
		Ihr Dispo: 100.000,00 €		114,00 €

Buchung zu Beleg 4: Wohnungsmiete

Grundbuch

Datum/Nr.	Geschäftsfall	Konto Soll	Konto Haben	Betrag €	Betrag €
01.07.	Überweisung Wohnungsmiete	Privatentnahmen		500,00	
			HAMBA		500,00

T-Konten

S	Privatentnahmen	H
500,00		

S	HAMBA	H
		500,00

DATEV-Buchungsliste (SKR 03)

Soll	Haben	B	USt	K	Gegen-konto-Nr.	Beleg-Nr.	Beleg-Datum	Konto-Nr.	Text	Skonto
	500,00				1800		01.07.	1200		

DATEV-Buchungsliste (SKR 04)

Soll	Haben	B	USt	K	Gegen-konto-Nr.	Beleg-Nr.	Beleg-Datum	Konto-Nr.	Text	Skonto
	500,00				2100		01.07.	1800		

Buchung zu Beleg 5: Krankenversicherung

Grundbuch

Datum/Nr.	Geschäftsfall	Konto Soll	Konto Haben	Betrag €	Betrag €
01.02.	Überweisung Iduna Krankenversicherung	Sonderausgaben		342,00	
			HAMBA		342,00

T-Konten

S	Sonderausgaben	H
342,00		

S	HAMBA	H
		342,00

DATEV-Buchungsliste (SKR 03)

Soll	Haben	B	USt	K	Gegen-konto-Nr.	Beleg-Nr.	Beleg-Datum	Konto-Nr.	Text	Skonto
	342,00				1820		01.02.	1200		

DATEV-Buchungsliste (SKR 04)

Soll	Haben	B	USt	K	Gegen-konto-Nr.	Beleg-Nr.	Beleg-Datum	Konto-Nr.	Text	Skonto
	342,00				2200		01.02.	1800		

Beleg 6: Warenentnahme

Wie lautet die Buchung?

Netto €	330	Ct	00	**Quittung**
+ % MwSt €		Ct		Nr.
Gesamt €		Ct		**Eigenbeleg**
Gesamtbetrag € in Worten				
				Cent wie oben
(im Gesamtbetrag sind _______ % Mehrwertsteuer enthalten.)				
von *aus dem Warenlager entnommen:*				
für *1 Herrenhose zu 80 Euro + 1 Sakko zu 250 Euro*				
richtig erhalten zu haben bestätigt				
Ort *Reinbek*		Datum *02.08.20..*		
Buchungsvermerke		Stempel/Unterschrift *Tobias Münster*		

Beleg 7: Privateinlage

Wie lautet die Buchung?

Kontoauszug	**Hamburger Bank, IBAN: DE17 2005 0550 1251 1234 00**			
Kontonummer	Kontobezeichnung		Vortrag vom	Auszug Nr.
1251/123400	INTER-FASHION Bekleidungsgroßhandel		03.03.20..	28
			Saldovortrag	2.456,00 €
Buchungstag	Wertstellung	Erläuterungen	Belastungen/Gutschriften	
05. März	05.03.	Gutschrift		830,00 €
		Iduna Krankenversicherung		
		Tobias Münster		
		Erstattung lt. eingereichter Belege		
		Auszug vom: 05. März	Neuer Saldo	
		Ihr Dispo: 100.000,00 €		3.286,00 €

Buchung zu Beleg 6: Warenentnahme

Grundbuch

Datum/Nr.	Geschäftsfall	Konto Soll	Konto Haben	Betrag €	Betrag €
02.08.	Warenentnahme	Unentgeltliche Wertabgabe		392,70	
			Warenentnahmen		330,00
			Umsatzsteuer		62,70

T-Konten

S	Unentg. Wertabgabe	H
392,70		

S	Warenentnahmen	H
		330,00

S	Umsatzsteuer	H
		62,70

DATEV-Buchungsliste (SKR 03)

Soll	Haben	B	USt	K	Gegen-konto-Nr.	Beleg-Nr.	Beleg-Datum	Konto-Nr.	Text	Skonto
	392,70				1880		02.08.	8910		

DATEV-Buchungsliste (SKR 04)

Soll	Haben	B	USt	K	Gegen-konto-Nr.	Beleg-Nr.	Beleg-Datum	Konto-Nr.	Text	Skonto
	392,70				2130		02.08.	4620		

MERKE

Warenentnahmen für Zwecke außerhalb des Unternehmens sind umsatzsteuerpflichtig. Als Bemessungsgrundlage gilt gemäß § 6 Abs. 1 Nr. 4 EStG der Teilwert. Dieser entspricht in der Regel dem Einkaufspreis (zuzüglich Bezugsnebenkosten) zum Zeitpunkt der Entnahme, der gemäß § 10 Abs. 4 Nr. 1 UStG anzusetzen ist.

Buchung zu Beleg 7: Privateinlage

Grundbuch

Datum/Nr.	Geschäftsfall	Konto Soll	Konto Haben	Betrag €	Betrag €
05.03.	Erstattung aus Krankenversicherung	HAMBA		830,00	
			Privateinlagen		830,00

T-Konten

S	HAMBA	H
830,00		

S	Privateinlagen	H
		830,00

DATEV-Buchungsliste (SKR 03)

Soll	Haben	B	USt	K	Gegen-konto-Nr.	Beleg-Nr.	Beleg-Datum	Konto-Nr.	Text	Skonto
830,00					1890		05.03.	1200		

DATEV-Buchungsliste (SKR 04)

Soll	Haben	B	USt	K	Gegen-konto-Nr.	Beleg-Nr.	Beleg-Datum	Konto-Nr.	Text	Skonto
830,00					2180		05.03.	1800		

4. Aufwendungen und Erträge

Beleg 1: Telefonrechnung

Wie lautet die Buchung bei Einbuchung der Rechnung per 23.03. und bei Bezahlung am 03.04. vom HAMBA-Bankkonto?

Ihre Rechnung

H Com

Hamburger Telekom AG
22787 Hamburg

578/11/025887/23/22679 **03.20.. 0,80**

Firma
INTER-FASHION
Bekleidungsgroßhandel
Postfach 11 06
21451 Reinbek

Datum	23.03.20..
Seite	1 von 6
Kundennummer	1450280904
Rechnungsnummer	03321456
Buchungskonto	4757120924
Haben Sie noch Fragen zu Ihrer Rechnung?	Sie erreichen Ihren Kundenservice kostenfrei unter
Telefon	freecall 0800 330 1020
Telefax	freecall 0800 330 1029
E-Mail	**Hamburger.telekom.de**

Ihre Rechnung für März 20..

Die Leistungen im Überblick (Summen)	**Beträge (Euro)**
Komplettpaket mit Allnet-Flat	
Business Tarif für Gewerbekunden **Internet-Flatrate** mit bis zu 50 MBit/s Downstream und 10 MBit/s Upstream **Telefon-Flatrate** in das deutsche Festnetz **Telefon-Flatrate** in alle deutschen Mobilfunknetze **Auslands-Flat** in das Festnetz von 18 Ländern weltweit Feste IP-Adresse Vor-Ort-Service 8h Entstörzeit	73,18 €
Netto	73,18 €
19 % Umsatzsteuer	13,90 €
Rechnungsbetrag	**87,08 €**

Der Rechnungsbetrag wird nicht vor dem 7. Tag nach Zugang der Rechnung von Ihrem Konto IBAN: DE17 2005 0550 1251 1234 00 abgebucht.

Ihre Rechnung im Detail und weitere Hinweise finden Sie auf der Rückseite und den folgenden Seiten.

Vielen Dank!

Postanschrift	Hamburger Telekom 22787 Hamburg
Bankverbindung	IBAN: DE68 7002 0270 0667 3022 69
Steuernummer	205/5777/0518

Buchung zu Beleg 1: Telefonrechnung

Grundbuch

Datum/Nr.	Geschäftsfall	Konto Soll	Konto Haben	Betrag Euro	Betrag Euro
23.03.	Rechnung Hamburger Telekom für März	Telefonaufwendg.		73,18	
		Vorsteuer		13,90	
			Verbindlichk.		87,08

T-Konten

S	Telefon-Aufw.	H
73,18		

S	Vorsteuer	H
13,90		

S	Verbindlichk.	H
		87,08

DATEV-Buchungsliste (SKR 03)

Soll	Haben	B	USt	K	Gegen-konto-Nr.	Beleg-Nr.	Beleg-Datum	Konto-Nr.	Text	Skonto
	87,08		9	0	4920		23.03.	1610		

DATEV-Buchungsliste (SKR 04)

Soll	Haben	B	USt	K	Gegen-konto-Nr.	Beleg-Nr.	Beleg-Datum	Konto-Nr.	Text	Skonto
	87,08		9	0	6805		23.03.	3310		

MERKE

Häufig werden Rechnungen für laufende Kosten erst bei ihrer Bezahlung gebucht. Da die von der Hamburger Telekom in Rechnung gestellte Vorsteuer jedoch bereits im Monat März abzugsfähig ist, kann es sinnvoll sein, die Rechnung bereits im März als Verbindlichkeit einzubuchen. Soll die Rechnung regelmäßig eingebucht werden, ist es sinnvoll, ein Personenkonto für die H-Com einzurichten.

Grundbuch

Datum/Nr.	Geschäftsfall	Konto Soll	Konto Haben	Betrag Euro	Betrag Euro
03.04.	Übw. Hamb. Telekom für Rechng. März	Verbindlichkeiten		87,08	
			HAMBA		87,08

T-Konten

S	Verbindlichk.	H
87,08		

S	HAMBA	H
		87,08

DATEV-Buchungsliste (SKR 03)

Soll	Haben	B	USt	K	Gegen-konto-Nr.	Beleg-Nr.	Beleg-Datum	Konto-Nr.	Text	Skonto
	87,08				1610		03.04.	1200		

DATEV-Buchungsliste (SKR 04)

Soll	Haben	B	USt	K	Gegen-konto-Nr.	Beleg-Nr.	Beleg-Datum	Konto-Nr.	Text	Skonto
	87,08				3310		03.04.	1800		

Beleg 2: Bürobedarf

a) Wie ist zu buchen?

b) Handelt es sich bei dem Papierkorb um ein geringwertiges Wirtschaftsgut?

BÄRTNER

Bärtner | Schöne Möbel - Große Bleichen 2 - 20354 Hamburg

INTER-FASHION
Bekleidungsgroßhandel
Im- und Export
Inh. Tobias Münster
Rathausstraße 32
21465 Reinbek

Rechnung
42415
Kunden-Nr.
KA010062
Datum
10.06.20..
Seite 1

Auftrags-Nr.	Bestellung vom	Beratung	Bearbeitung	Lieferung am	Telefon
9812580/27	10.06.20..	Herr Voss	Frau Froese	10.06.20..	040/727 83 37

Pos.	Gegenstand	Menge	Preis	Gesamt
1	Papierkorb Ausführung schwarz	1	40,00 €	40,00 €

Zahlung HAMBA am 30.06.

Zahlungsbedingungen:
Zahlung innerhalb von 8 Tagen
netto Kasse ohne Skontoabzug

Summe:	40,00 €
19 % MwSt:	7,60 €
Gesamtbetrag:	47,60 €

Bei der Zahlung erbitten wir die Angabe der Rechnungs- und Kundennummer. Wir danken für Ihren Auftrag.

Unsere Steuernummer: 1234567890

Internationale Möbel für Büro und Wohnen GmbH
Große Bleichen 23 • 20354 Hamburg • Telefon 040/35 60 09-0 • Mail: info@moebel-baertner-international.com

Geschäftsführer: Werner Lindemann, Frank Anger-Lindemann, Manfred Trommler, Manfred Wohlgemuth
HRB 40 553 Hgb • IBAN: DE44 2007 0000 0000 3000 95

Buchung zu Beleg 2: Bürobedarf

a) **Grundbuch**

Datum/Nr.	Geschäftsfall	Konto Soll	Konto Haben	Betrag €	Betrag €
30.06.	BÜ Bärtner für Papierkorb	Bürobedarf		40,00	
		Vorsteuer		7,60	
			HAMBA		47,60

T-Konten

S	Bürobedarf	H
40,00		

S	Vorsteuer	H
7,60		

S	HAMBA	H
		47,60

DATEV-Buchungsliste (SKR 03)

Soll	Haben	B	USt	K	Gegen-konto-Nr.	Beleg-Nr.	Beleg-Datum	Konto-Nr.	Text	Skonto
	47,60		9	0	4930		30.06.	1200		

DATEV-Buchungsliste (SKR 04)

Soll	Haben	B	USt	K	Gegen-konto-Nr.	Beleg-Nr.	Beleg-Datum	Konto-Nr.	Text	Skonto
	47,60		9	0	6815		30.06.	1800		

b) Geringwertige Wirtschaftsgüter (GWG) sind Wirtschaftsgüter des Anlagevermögens, die beweglich, abnutzbar und selbstständig nutzbar sind und deren Wert nicht mehr als 800 € (vgl. § 6 Abs. 2 EStG) bzw. 1.000 € (vgl. § 6 Abs. 2a EStG) beträgt. Diese Voraussetzungen treffen auch auf den angeschafften Papierkorb zu. Für GWG mit einem Wert über 250 € verlangt der Gesetzgeber, dass diese Wirtschaftsgüter in einem besonderen, laufend zu führenden Verzeichnis aufzunehmen sind oder dass diese Angaben aus der Buchführung ersichtlich sein müssen. Da der Wert des Papierkorbs 250 € nicht übersteigt, kann er sofort als Betriebsausgabe gebucht werden.

MERKE

GWG sind selbstständig nutzbare und bewegliche Wirtschaftsgüter zwischen netto > 250 € und 800 € bzw. > 250 € und 1.000 € (Sammelpostenbildung).

Beleg 3: Büromiete

Wie lautet die Buchung?

Kontoauszug	Hamburger Bank, IBAN: DE17 2005 0550 1251 1234 00			
Kontonummer	Kontobezeichnung		Vortrag vom	Auszug Nr.
1251/123400	INTER-FASHION Bekleidungsgroßhandel		31.03.20..	41
			Saldovortrag	35.000,00 €
Buchungstag	Wertstellung	Erläuterungen	Belastungen/Gutschriften	
01. Apr	01.04.	Dauerauftrag Miete April	2.380,00 €	
		2.000,00 € + 19 % USt		
		Büroräume		
		Auszug vom: 01. Apr	Neuer Saldo	
		Ihr Dispo: 100.000,00 €		32.620,00 €

Buchung zu Beleg 3: Büromiete

Grundbuch

Datum/Nr.	Geschäftsfall	Konto Soll	Konto Haben	Betrag €	Betrag €
01.04.	DA Miete Büroräume April 2.000 € + 19 % USt	Mietaufwand		2.000,00	
		Vorsteuer		380,00	
			HAMBA		2.380,00

T-Konten

S	Mietaufwand	H
2.000,00		

S	Vorsteuer	H
380,00		

S	HAMBA	H
		2.380,00

DATEV-Buchungsliste (SKR 03)

Soll	Haben	B	USt	K	Gegen-konto-Nr.	Beleg-Nr.	Beleg-Datum	Konto-Nr.	Text	Skonto
	2.380,00		9	0	4210	41	01.04.	1200		

DATEV-Buchungsliste (SKR 04)

Soll	Haben	B	USt	K	Gegen-konto-Nr.	Beleg-Nr.	Beleg-Datum	Konto-Nr.	Text	Skonto
	2.380,00		9	0	6310	41	01.04.	1800		

Beleg 4: Kraftfahrzeugversicherung

a) Wie lautet der Buchungssatz bei Zahlung im Januar?

b) Nehmen Sie Stellung zur Buchung des Betrags bei Rechnungseingang im November.

VB-Coburg

Versicherungen · Bausparen

☐ VB-Coburg — Haftpflicht-Unterstützungs-Kassse kraftfahrender Beamter Deutschlands a. G. in Coburg (VB-Coburg)

☑ VB-Coburg Allgemeine — Allgemeine Versicherungs-Aktiengesellschaft der VB-Coburg (VB-Coburg-Allgemeine)

Telefon und Telefax mit Durchwahlnr. Ihrer zuständigen Außenstelle (Geschäftszeit 8 bis 16 Uhr)

Bei Vetragsangelegenheiten		Bei Schadensangelegenheiten
040 / 23605 - 235	TELEFON	040 / 23605 - 151
040 / 23605 - 298	FAX	040 / 23605 - 190

Beitragsrechnung Kraftfahrtversicherung : 510 / 277072-Q

11.20.. (-1) 0,80

Herrn / Frau / Firma
INTER-FASHION
Bekleidungsgroßhandel
Postfach 11 06
21451 Reinbek

Für Schadensmeldungen außerhalb der Geschäftszeit

Notruf-Service 069-66 555 11

☑ Fernruf (09561) 96 - 0 · Bahnhofsplatz · 96444 Coburg

Sehr geehrte Versicherungsnehmerin,
Sehr geehrter Versicherungsnehmer,

diese Rechnung weist den fälligen Versicherungsbeitrag aus. **Bitte beachten Sie auch unsere Erläuterungen auf der Rückseite.** Die Beiträge werden frühestens zur jeweiligen Fälligkeit vin dem uns bekannten Konto abgebucht. Dabei wird ein evtl. Saldovortrag oder ein Guthaben berücksichtigt.

Mit freundlichen Grüßen
Ihre

haftpflicht-Unterstützungs-Kasse
kraftfahrender Beamter Deutschlands a. G. in Coburg (VB-Coburg)

Allgemeine Versicherungs-Aktiengesellschaft
der VB-Coburg (VB-Coburg-Allgemeine)

Hersteller : JAGUAR — Typ-Nr.: 320 — Amtl. Kennz.: OD-XJ 73 — kW: 156

1. Kraftfahrzeug-Haftpflichtversicherung
   unbegrenzte Deckungssumme; bei Personenschäden
   Versicherungssumme 7.500.000,000 € je geschädigte Person

	Regio-Kl.	SF-Kl.	Vers.-Beitrag	%		Vers.-Beitrag
alt:	B3	15	282,00 €	35		
neu:	B3	15	282,00 €	35		282,00 €

Ihr Vertrag wurde von der SF-Klasse 14 in die im Beitragsvergleich genannte SF-Klasse 15 eingestuft

2. Fahrzeugvollversicherung mit 650,00 € Selbstbeteiligung
   einschl. Fahrzeugteilversicherung mit 300,00 € Selbstbeteiligung

	Regio-/Typ-Kl.	SF Kl.	Vers.-Beitrag	%		
alt:	BV2 33	18	513,00 €	30		
neu:	BV2 31	18	389,00 €	30		389,00 €

Kennen Sie unser weiteres VBgünstiges Versicherungsangebot und unsere Bausparkasse? Fordern Sie mit der Service-Karte einfach an!

Coburg, den 17.11.20.. (-1) — Jahresbeitrag fällig am 01.01.20.. — 671,00 €

3/2/-93/85 Betrag wird bei Fälligkeit von Konto
IBAN: DE17 2005 0550 1251 1234 00 abgebucht. — 671,00 €

Einzug am 03.01.20..

Buchung zu Beleg 4: Kraftfahrzeugversicherung

a) **Grundbuch**

Datum/Nr.	Geschäftsfall	Konto Soll	Konto Haben	Betrag €	Betrag €
03.01.	Bankeinzug HAMBA Kfz-Versicherung Firmenwagen	Kfz-Versicherung		671,00	
			HAMBA		671,00

T-Konten

S	Kfz-Vers.	H
671,00		

S	HAMBA	H
		671,00

DATEV-Buchungsliste (SKR 03)

Soll	Haben	B	USt	K	Gegen-konto-Nr.	Beleg-Nr.	Beleg-Datum	Konto-Nr.	Text	Skonto
	671,00				4520		03.01.	1200		

DATEV-Buchungsliste (SKR 04)

Soll	Haben	B	USt	K	Gegen-konto-Nr.	Beleg-Nr.	Beleg-Datum	Konto-Nr.	Text	Skonto
	671,00				6520		03.01.	1800		

b) Da die Kfz-Versicherung ausschließlich das Folgejahr betrifft und die Verbindlichkeit erst per 01.01. des folgenden Jahres entsteht, erfolgt bei Rechnungseingang im November keine Buchung.

MERKE

Eine Rechnung ist erst dann zu buchen, wenn entweder die Leistung erbracht oder der Rechnungsbetrag (im Voraus) fällig ist.

Beleg 5: Buchführungsgebühren

Wie lautet die Buchung per 14.06., wenn die Rechnung zuvor nicht eingebucht wurde?

WICHMANN, SCHMITZ UND PARTNER

Wirtschaftsprüfer - Steuerberater - GbR

Wichmann, Schmitz und Partner GbR, Rödingsmarkt 9, 20459 Hamburg

INTER-FASHION

Bekleidungsgroßhandel
Im- und Export
Postfach 11 06
21451 Reinbek

Rechnungsnummer: 624-06

Rechnungsdatum: 09.06.20..
Mandant: 68301
(Bitte bei Zahlung angeben)
Abr.-Zeitraum bis: Apr. 20..

Tel.: 040 - 560 888 444
E-Mail: wi@steuerpunkt.info

Für folgende in Ihrem Auftrag am 20.12.20.. ausgeführte Leistungen erlauben wir uns laut StBVV zu berechnen:

Bezeichung	Jahr	Einheiten Gegenstandswert	Tab.	Betrag
Buchführungsgebühren	Apr. 20..			400,00 €
Summe Gebühren				400,00 €
19 % Mehrwertsteuer				76,00 €
Zu zahlender Betrag				**476,00 €**

Bitte begleichen Sie den Rechnungsbetrag durch Überweisung auf eines der genannten Konten.

- Zahlungen werden auf die jeweils älteste offene Forderung angerechnet -

Mit freundlichen Grüßen

Dipl.-Kfm. Gerd Wichmann
Wirtschaftsprüfer, Steuerberater

HAMBA 14.06.

Unsere Steuernummer: 1234567890
Hamburger Bank:
IBAN: DE76 2005 0550 1011 2463 76

Buchung zu Beleg 5: Buchführungsgebühren

Grundbuch

Datum/Nr.	Geschäftsfall	Konto Soll	Konto Haben	Betrag €	Betrag €
14.06.	BÜ Buchführungsgebühren Monat April	Buchführungs-Kosten		400,00	
		Vorsteuer		76,00	
			HAMBA		476,00

T-Konten

S	Buchführungs-Kosten	H
400,00		

S	Vorsteuer	H
76,00		

S	HAMBA	H
		476,00

DATEV-Buchungsliste (SKR 03)

Soll	Haben	B	USt	K	Gegen-konto-Nr.	Beleg-Nr.	Beleg-Datum	Konto-Nr.	Text	Skonto
	476,00		9	0	4955		14.06.	1200		

DATEV-Buchungsliste (SKR 04)

Soll	Haben	B	USt	K	Gegen-konto-Nr.	Beleg-Nr.	Beleg-Datum	Konto-Nr.	Text	Skonto
	476,00		9	0	6830		14.06.	1800		

Beleg 6: Benzinquittung

Wie lautet der Buchungssatz per 27.04., wenn das Fahrzeug ausschließlich betrieblich genutzt wird?

TANK STATION

W. Rautenberg Tankstellen GmbH — Tel. 040 / 211511
Hammer Landstraße 202 | 20537 Hamburg — Fax 040 / 211654
Obj.Nr. 0000001115

Unsere Steuernummer: 1234567890

Beleg-Nr. 4998/008/000001 — 25.04.20..

Kartenverkauf
0000014 SUPER TANK — 101,47 €
Zp 02 — 82,50 l — 1,23 €

Gesamtbetrag netto		**85,27 €**
MwSt	**19 %**	**16,20 €**
Gesamtbetrag brutto		**101,47 €**

HAMBA am 27.04.

Eurocard
Kreditverkauf
Tobias Münster
INTER-FASHION
Karte: 5232 2212 8002 0251
Betrag: 101,47 €
gültig bis 12/20.. (+2)

Herzlichen Dank
Auf Wiedersehen und gute Fahrt

Beleg 7: Wagenwäsche

Wie lautet der Buchungssatz, wenn das Fahrzeug ausschließlich betrieblich genutzt wird?

TANK STATION

W. Rautenberg Tankstellen GmbH — Tel. 040 / 211511
Hammer Landstraße 202 | 20537 Hamburg — Fax 040 / 211654
Obj.Nr. 0000001115

Unsere Steuernummer: 1234567890

Beleg-Nr. 4998/008/000003 — 02.05.20..

Wagenwäsche — **15,00 €**

Gesamtbetrag		**15,00 €**
MwSt	**19 %**	**2,39 €**

bar bez.

Herzlichen Dank
Auf Wiedersehen und gute Fahrt

Buchung zu Beleg 6: Benzinquittung

Grundbuch

Datum/Nr.	Geschäftsfall	Konto Soll	Konto Haben	Betrag €	Betrag €
27.04.	Bankeinzug TANK für Benzin	Kfz-Kosten		85,27	
		Vorsteuer		16,20	
			HAMBA		101,47

T-Konten

S	Kfz-Kosten	H
85,27		

S	Vorsteuer	H
16,20		

S	HAMBA	H
		101,47

DATEV-Buchungsliste (SKR 03)

Soll	Haben	B	USt	K	Gegen-konto-Nr.	Beleg-Nr.	Beleg-Datum	Konto-Nr.	Text	Skonto
	101,47		9	0	4530		27.04.	1200		

DATEV-Buchungsliste (SKR 04)

Soll	Haben	B	USt	K	Gegen-konto-Nr.	Beleg-Nr.	Beleg-Datum	Konto-Nr.	Text	Skonto
	101,47		9	0	6530		27.04.	1800		

MERKE

Für jedes Fahrzeug sollte ein gesondertes Konto eingerichtet werden, um die Wirtschaftlichkeit überprüfen zu können.

Buchung zu Beleg 7: Wagenwäsche

Grundbuch

Datum/Nr.	Geschäftsfall	Konto Soll	Konto Haben	Betrag €	Betrag €
02.05.	TANK-Station für Autowäsche bar	Kfz-Kosten		12,61	
		Vorsteuer		2,39	
			Kasse		15,00

T-Konten

S	Kfz-Kosten	H
12,61		

S	Vorsteuer	H
2,39		

S	Kasse	H
		15,00

DATEV-Buchungsliste (SKR 03)

Soll	Haben	B	USt	K	Gegen-konto-Nr.	Beleg-Nr.	Beleg-Datum	Konto-Nr.	Text	Skonto
	15,00		9	0	4530		02.05.	1000		

DATEV-Buchungsliste (SKR 04)

Soll	Haben	B	USt	K	Gegen-konto-Nr.	Beleg-Nr.	Beleg-Datum	Konto-Nr.	Text	Skonto
	15,00		9	0	6530		02.05.	1600		

Beleg 8: Kraftfahrzeugreparatur

a) Wie lautet der Buchungssatz per 10.06., wenn das Fahrzeug ausschließlich betrieblich genutzt wird und die Rechnung nicht per 29.05. eingebucht wurde?

b) Warum sollten für die verschiedenen Kfz-Kosten (Reparaturen, Benzin, Versicherungen) verschiedene Konten eingerichtet werden?

Autohaus Sternberg

Autoreparatur
Inhaber Jürgen Sternberg
Eulenstraße 70
22763 Hamburg

Autohaus Sternberg, Eulenstraße 70, 22763 Hamburg

INTER-FASHION
Bekleidungsgroßhandel
Postfach 11 06
22451 Reinbek

Rechnung: 99453 vom: 29.05.20..
Kunden-Nr.: 11017 Debitor: 11017
Kunden-Berater: Jürgen Sternberg

Bezeichnung	Menge	ME	E-Preis	Gesamt
Ihren Auftrag haben wir am 29.05.20.. wie folgt ausgeführt:				
Fahrzeug: Porsche, Kennzeichen OD-BS 111 Bremsklötze erneuert:				122,60 €
14246050 Bremsklötze vorn	1	St.	169,00 €	169,00 €
999 500 Bremsreiniger	0,5	St.	9,80 €	4,90 €
999 350 Klein- und Reinigungsmaterial	1	St.	3,50 €	3,50 €
Gesamtpreis netto				300,00 €
19 % MwSt				57,00 €
Endbetrag				**357,00 €**

HAMBA am 10.06.

Zahlbar sofort ohne Abzug.
Wir wünschen Ihnen weiterhin gute Fahrt.

Unsere Steuernummer: 1234567890

Tel. 040 - 456 789 Fax: 040 - 456 788
www.auto-sternberg.de
IBAN: DE88 2001 0020 3359 5120 01

Buchung zu Beleg 8: Kraftfahrzeugreparatur

a) **Grundbuch**

Datum/Nr.	Geschäftsfall	Konto Soll	Konto Haben	Betrag €	Betrag €
10.06.	BÜ Sternberg für Reparatur Porsche	Kfz-Reparatur		300,00	
		Vorsteuer		57,00	
			HAMBA		357,00

T-Konten

S	Kfz-Reparatur	H
300,00		

S	Vorsteuer	H
57,00		

S	HAMBA	H
		357,00

DATEV-Buchungsliste (SKR 03)

Soll	Haben	B	USt	K	Gegen-konto-Nr.	Beleg-Nr.	Beleg-Datum	Konto-Nr.	Text	Skonto
	357,00		9	0	4540		10.06.	1200		

DATEV-Buchungsliste (SKR 04)

Soll	Haben	B	USt	K	Gegen-konto-Nr.	Beleg-Nr.	Beleg-Datum	Konto-Nr.	Text	Skonto
	357,00		9	0	6540		10.06.	1800		

b) Die verschiedenen Konten dienen der Übersichtlichkeit und der Wirtschaftlichkeitskontrolle. Sie machen außerdem die Eingabe von Text überflüssig.

MERKE

Für laufende Kfz-Kosten, Kfz-Reparaturen, Kfz-Versicherungen und Kfz-Steuern werden unterschiedliche Konten geführt.

Beleg 9: Postwertzeichen

Wie ist zu buchen?

Deutsche Post AG	
21465 Reinbek 1	
81022352	26.05.20..
4556	
Postwertzeichen ohne Zuschlag	
*32,00 EUR	
Bruttoumsatz A	*32,00 EUR
mehrwertsteuerbefreit A	
Nettoumsatz A	32,00 EUR
bar	
Vielen Dank für Ihren Besuch.	
Ihre Deutsche Post AG	

Buchung zu Beleg 9: Postwertzeichen

Grundbuch

Datum/Nr.	Geschäftsfall	Konto Soll	Konto Haben	Betrag €	Betrag €
26.05.	Barkauf Postwertzeichen	Porto		32,00	
			Kasse		32,00

T-Konten

S	Porto	H
32,00		

S	Kasse	H
		32,00

DATEV-Buchungsliste (SKR 03)

Soll	Haben	B	USt	K	Gegen-konto-Nr.	Beleg-Nr.	Beleg-Datum	Konto-Nr.	Text	Skonto
	32,00				4910		26.05.	1000		

DATEV-Buchungsliste (SKR 04)

Soll	Haben	B	USt	K	Gegen-konto-Nr.	Beleg-Nr.	Beleg-Datum	Konto-Nr.	Text	Skonto
	32,00				6800		26.05.	1600		

Beleg 10: Stromrechnung

Wie lautet die Buchung für die Vorauszahlung am 31.05. per HAMBA?

Elektrizitätswerk Reinbek-Wentorf

E-Werk Reinbek-Wentorf Postfach 1205 21452 Reinbek

INTER-FASHION
Bekleidungsgroßhandel
Im- und Export
Postfach 11 06
21451 Reinbek

Schlossstraße 7
21465 Reinbek

Bei Rückfragen zur Rechnung wenden Sie sich bitte an:
Abteilung Verbrauchsabrechnung
Telefon-Durchwahl: 040/727373-23/24

Bei Rückfragen zur Zahlung wenden Sie sich bitte an:
Frau Lebien oder Frau Lufen
Telefon-Durchwahl: 040/727373-20/25

Geschäftszeiten:
M. bis Do. 8.00 bis 12.00 Uhr und 13.00 bis 16.00 Uhr
Freitag: 8.00 bis 11.30 Uhr
Telefax: 040/722 79 41

Geben Sie bei Rückfragen und Zahlungen bitte immer Vertrags- oder Rechnungsnummer an!

JAHRESABRECHNUNG

Vertrags-Nummer	21102890100
Abrechnungszeitraum	13.01.20.. bis 14.01.20.. (+1)
Rechnungs-Datum/Nummer	22.01.02/1008730
Verbrauchsstelle	Rathausstraße 32 in Reinbek

Sehr geehrter Kunde,

für den o. a. Abrechnungszeitraum haben wir die nachfolgend aufgeführten Werte ermittelt. Die detaillierte Abrechnung entnehmen Sie bitte den Rück- und Folgeseiten.

Zusammenfassung	Brutto	Enthaltene Umsatzsteuer	Verbrauch im aktuellen Jahr	Verbrauch im Vorjahr
Strom-Abrechnung lt. Anlage	2.890,49 €	461,51 €	10.214 kWh	11.060 kWh
Abzüglich gezahlter Abschläge	3.120,00 €	498,15 €		
Zuzüglich erster Abschlag	241,00 €	38,48 €		
Zahlungen wurden berücksichtigt bis 31.12.20..				
Unsere Forderung	11,49 €	1,83 €		

Unsere Forderung werden wir von Ihrem Konto IBAN: DE17 2005 0550 1251 1234 00 abbuchen.

Abschlagsplan	In Höhe von Brutto Euro	Enthaltene Umsatzsteuer	Umsatzsteuer Satz	Ihre neue Abchlagsrate ist jeweils fällig am:	
11 weitere Abschlagszahlungen für Strom	241,00 €	38,48 €	19 %	28.02.20.. 31.03.20.. 30.04.20.. 31.05.20.. 30.06.20.. 31.07.20..	31.08.20.. 30.09.20.. 31.10.20.. 30.11.20.. 31.12.20..
Ihre neue Abschlagsrate	241,00 €				

Mit freundlichen Grüßen
Elektrizitätswerk Reinbek-Wentorf

Unsere Steuernummer: 1234567890
IBAN: DE55 2305 1610 0200 8031 30

Buchung zu Beleg 10: Stromrechnung

Grundbuch

Datum/Nr.	Geschäftsfall	Konto Soll	Konto Haben	Betrag €	Betrag €
31.05.	Bankeinzug Strom Vorauszahlung	Strom		202,52	
		Vorsteuer		38,48	
			HAMBA		241,00

T-Konten

S	Strom	H
202,52		

S	Vorsteuer	H
38,48		

S	HAMBA	H
		241,00

DATEV-Buchungsliste (SKR 03)

Soll	Haben	B	USt	K	Gegen-konto-Nr.	Beleg-Nr.	Beleg-Datum	Konto-Nr.	Text	Skonto
	241,00		9	0	4240		31.05.	1200		

DATEV-Buchungsliste (SKR 04)

Soll	Haben	B	USt	K	Gegen-konto-Nr.	Beleg-Nr.	Beleg-Datum	Konto-Nr.	Text	Skonto
	241,00		9	0	6325		31.05.	1800		

Beleg 11: Wasserrechnung

a) Wie lautet der Buchungssatz für die Vorauszahlungen am 06.04.?

b) Nehmen Sie Stellung zur Höhe der Vorsteuer und zur Verwendung des Vorsteuerschlüssels.

Reinbeker Wasserwerke GmbH

Reinbeker Wasserwerke GmbH - Postfach 261455 - 20504 Hamburg

INTER-FASHION
Bekleidungsgroßhandel
Im- und Export
Postfach 11 06
21451 Reinbek

Buchungszeichen

Bitte bei Zahlungen und Zuschriften angeben. Bei Sammelzahlungen bitte jedes **Buchungszeichen** mit Betrag angeben. Änderungen bitte rechtzeitig schriftlich mitteilen.

867 111 032 061 3

Auskünfte erhalten Sie in unserer Abteilung Wasserabrechnung montags - donnerstags von 9.00 bis 15.00 Uhr freitags von 9.00 bis 13.00 Uhr

E-Mail: servicecenter@reinbekwasser.de
Telefon: 040/78 88 - 0
Duchwahl: **78 88 - 2781**

Fälligkeitstermine der Abschlagsbeträge		Aufteilung der Abschlagsbeträge		
			1. Abschlagsbetrag	2. bis 6. Abschlagsbetrag
1	06. Feb 20..	Wassergeld	83,09 €	83,09 €
2	06. Apr 20..	Umsatzsteuer (z. Z.)	5,82 €	5,82 €
3	06. Jun 20..	Abwasser	102,99 €	102,99 €
4	06. Aug 20..	Gesamt	191,90 €	191,90 €
5	06. Okt 20..			
6	06. Dez 20..			

Am 06. Feb 02 wird **DIE NACHZAHLUNG** dieser Rechnung zusamme mit dem 1. Abschlag fällig, sodass **468,78 €** zu überweisen sind.

Zahlweg: Abbuchung IBAN: DE17 2005 0550 1251 1234 00

WASSERRECHNUNG und Gebührenbescheid für die Abwasserbeseitigung der Stadt Reinbek
- Der Bürgermeister -

für das Grundstück: Rathausstraße 32

Datum 07.01.20..

Unsere Steuernummer: 1235567890

Ablesung	Anzahl Verbrauchstage	Grundpreis für 365 Tage €	Grundbetrag €	Zählerstand R = rechnerisch E = Eigenbeleg G = geschätzt	Verbrauch qm	Preis je qm €	Wassergeld €	Nettobetrag: Grundbetrag + Wassergeld €	USt €	Steuersatz %	Verbrauch qm	Abgabensatz je qm €	Sielbenutzungsgebühr, Abwasserabgabe, Abwasserbes.-Gebühr €	insgesamt Nachzahlung/Guthaben €
15.12.20.. (-1) Anfangsstand				1095 Zähler-Nr. 11976										
01.01.20..	17	42,00	1,96	1111R	16	1,33	21,28	23,24	1,63	7 %	16	1,63	26,08	
18.12.20..	351	42,00	40,39	1438E	327	1,33	434,91	475,30	33,27	7 %	327	1,81	591,87	
Zwischensummen			42,35				456,19	498,54	34,90				617,95	
				Abzüglich Abschlagsbeiträge				350,00	24,50				500,00	
				Nachzahlung/Überzahlung				148,54	10,40				**117,95**	**276,89**
														Endsumme/Guthaben

Buchung zu Beleg 11: Wasserrechnung

a) **Grundbuch**

Datum/Nr.	Geschäftsfall	Konto Soll	Konto Haben	Betrag €	Betrag €
06.04.	Bankeinzug Wasser, Abwasser	Wasser		186,08	
		Vorsteuer		5,82	
			HAMBA		191,90

T-Konten

S	Wasser	H
186,08		

S	Vorsteuer	H
5,82		

S	HAMBA	H
		191,90

DATEV-Buchungsliste (SKR 03)

Soll	Haben	B	USt	K	Gegen-konto-Nr.	Beleg-Nr.	Beleg-Datum	Konto-Nr.	Text	Skonto
	88,91		8	0	4240		06.04.	1200		
	102,99				4240					

DATEV-Buchungsliste (SKR 04)

Soll	Haben	B	USt	K	Gegen-konto-Nr.	Beleg-Nr.	Beleg-Datum	Konto-Nr.	Text	Skonto
	88,91		8	0	6325		06.04.	1800		
	102,99				6325					

b) Für Wasser beträgt die Vorsteuer 7 %. Daher ist bei DATEV der Schlüssel 8 zu verwenden. Auf Kanalgebühren (Sielbenutzung, Abwasserbeseitigung und Abwasserabgabe) wurde keine Umsatzsteuer erhoben. Deshalb kann insoweit auch keine Vorsteuer gezogen werden. Deshalb sind 2 Buchungen erforderlich.

MERKE

Steuerschlüssel 8 ist zu verwenden, wenn 7 % USt in einem Betrag enthalten sind.

Beleg 12: Heizölrechnung

a) Wie lautet der Buchungssatz (ohne Kontokorrent)?

b) Nehmen Sie Stellung zur Buchung von Kostenrechnungen über Kreditorenkonten.

Heinrich & König

Der Fachbetrieb für: Tankreinigungen, Beschichtungen, Leckschutzauskleidungen, TÜV-Vorbereitungen, Neutankanlagen, Demontagen, Stilllegungen und Kundendienst. Heizöl

Bogenstraße 44
22926 Ahrensburg
Mail: service@heinrich-koenig.de
Tel.: 04102/12 03 - 12 04

Heinrich & König - Bogenstraße 44 - 22926 Ahrensburg

INTER-FASHION
Bekleidungsgroßhandel
Im- und Export
Rathausstr. 32
21465 Reinbek

Datum 18.06.20..
Kd. Nr. 15543
Seite 1

Rechnung Nr. 7414/262

Tankanlage: 21465 Reinbek, Rathausstraße 32
Ausgeführt am: 17.06.20..

Pos.	Art. Nr.	Bezeichnung	Menge	ME	Preis/ME	Netto gesamt
1	32070	Heizöl	3.800	Liter	0,50	1.900,00 €

HAMBA am 25.06.

Zahlungsbedingungen:
8 Tage netto ohne Abzug

	Netto gesamt	1.900,00 €
19 %	Mehrwertsteuer	361,00 €
	Gesamtbetrag	2.261,00 €

Unsere Steuernummer: 1234567890
IBAN: DE69 2305 1610 0009 0191 28

Buchung zu Beleg 12: Heizölrechnung

a) **Grundbuch**

Datum/Nr.	Geschäftsfall	Konto Soll	Konto Haben	Betrag €	Betrag €
25.06.	BÜ Heizölrechnung	Heizung		1.900,00	
		Vorsteuer		361,00	
			HAMBA		2.261,00

T-Konten

S	Heizung	H
1.900,00		

S	Vorsteuer	H
361,00		

S	HAMBA	H
		2.261,00

DATEV-Buchungsliste (SKR 03)

Soll	Haben	B	USt	K	Gegen-konto-Nr.	Beleg-Nr.	Beleg-Datum	Konto-Nr.	Text	Skonto
	2.261,00		9	0	4230		25.06.	1200		

DATEV-Buchungsliste (SKR 04)

Soll	Haben	B	USt	K	Gegen-konto-Nr.	Beleg-Nr.	Beleg-Datum	Konto-Nr.	Text	Skonto
	2.261,00		9	0	6320		25.06.	1800		

b) Insbesondere bei großen Mandantenbuchführungen kann es sinnvoll sein, neben den Wareneingangsrechnungen auch sämtliche Kostenrechnungen über Kreditorenkonten zu buchen. Dadurch würden die Kosten im Monat ihrer Entstehung vollständig erfasst und die in Rechnung gestellte Vorsteuer könnte ebenfalls im Monat der Inrechnungstellung geltend gemacht werden. Durch das Buchen von Rechnung und Zahlung würde allerdings die Zahl der Buchungen erheblich zunehmen. Sinnvoll ist dies nur, wenn Kostenrechnungen regelmäßig erheblich später gezahlt werden.

MERKE

In der Regel werden die Kosten erst bei der Bezahlung der Rechnungen erfasst.

Beleg 13: Reparaturen mit Skontoabzug

a) Wie lautet der Buchungssatz per 03.03.?

b) Nehmen Sie Stellung zur Berücksichtigung des Skontobetrags.

FACHGROSSHANDEL
SANITÄR - HEIZUNG

Gebr. **Bleise**

HAMBURG-BERGEDORF

Gebr. Bleise - 21027 Hamburg

INTER-FASHION
Bekleidungsgroßhandel
Im- und Export
Postfach 11 06
21451 Reinbek

Rechnung

Beleg-Nr.	294078
Beleg-Datum	27.02.20..
Kunden-Nr.	1547459
Seite	1
Telefon	040/72 10 8-0
E-Mail	sanitaer@bleise.de

Lieferschein Nr. 346889 vom 23.01.20..

Pos.	Artikel-Nr.	Bezeichnung	Menge	ME	E-Preis	Preis
1	199999999	High Tech Waschtischanlage Romeo inkl. Armatur	1	ST	1.575,00 €	1.575,00 €
2	12013400100	DELPHIS-Röhrengeruchverschluss Nr. 5611 11/4" x 32 verchromt	1	ST	10,50 €	10,50 €
3	10078300100	Eckventil Classic 05172 1/2x3/8" verchromt	2	ST	27,00 €	54,00 €
4	15999999999	Giese Seifenspender - chrom Ausstellungsstück	1	ST	100,00 €	100,00 €
				Warenwert		1.739,50 €
				19 % MwSt		330,51 €
				Endbetrag		2.070,01 €

Zahlung per HAMBA am 03.03. unter Abzug von 3 % Skonto = 62,10 €

Unsere Steuernummer: 1234567890
IBAN: DE98 2004 0000 0012 1012 00

Buchung zu Beleg 13: Reparaturen mit Skontoabzug

a) **Grundbuch**

Datum/Nr.	Geschäftsfall	Konto Soll	Konto Haben	Betrag €	Betrag €
03.03.	BÜ Bleise für Reparatur Personal-Bad und WC	Reparaturen		1.687,32	
		Vorsteuer		320,59	
			HAMBA		2.007,91

T-Konten

S	Reparaturen, Instands.	H
1.687,32		

S	Vorsteuer	H
320,59		

S	HAMBA	H
		2.007,91

DATEV-Buchungsliste (SKR 03)

Soll	Haben	B	USt	K	Gegen-konto-Nr.	Beleg-Nr.	Beleg-Datum	Konto-Nr.	Text	Skonto
	2.007,91		9	0	4260		03.03.	1200	Rep. Waschraum/ Toilette	

DATEV-Buchungsliste (SKR 04)

Soll	Haben	B	USt	K	Gegen-konto-Nr.	Beleg-Nr.	Beleg-Datum	Konto-Nr.	Text	Skonto
	2.007,91		9	0	6335		03.03.	1800	Rep. Waschraum/ Toilette	

b) Bei betrieblichen Aufwendungen, außer beim Wareneinkauf, wird Skonto nicht gesondert gebucht. Es wird lediglich der bezahlte Betrag gebucht.

MERKE

Keine gesonderte Buchung von Skonto bei betrieblichen Aufwendungen.

Beleg 14: Kontoführungsgebühren

Wie lautet die Buchung?

Kontoauszug	**Hamburger Bank, IBAN: DE17 2005 0550 1251 1234 00**			
Kontonummer	Kontobezeichnung		Vortrag vom	Auszug Nr.
1251/123400	INTER-FASHION Bekleidungsgroßhandel		30.06.20..	90
			Saldovortrag	3.517,00 €
Buchungstag	Wertstellung	Erläuterungen	Belastungen/Gutschriften	
30. Jun.	30.06.	Kontoführungsgebühren	27,72 €	
		Auszug vom: 30. Jun	Neuer Saldo	
		Ihr Dispo: 100.000,00 €		3.489,28 €

Buchung zu Beleg 14: Kontoführungsgebühren

Grundbuch

Datum/Nr.	Geschäftsfall	Konto Soll	Konto Haben	Betrag €	Betrag €
30.06.	Kontoführungsgebühren	Nebenkosten des Geldverkehrs		27,72	
			HAMBA		27,72

T-Konten

S	Nebenkosten des Geldverk.	H
27,72		

S	HAMBA	H
		27,72

DATEV-Buchungsliste (SKR 03)

Soll	Haben	B	USt	K	Gegen-konto-Nr.	Beleg-Nr.	Beleg-Datum	Konto-Nr.	Text	Skonto
	27,72				4970		30.06.	1200		

DATEV-Buchungsliste (SKR 04)

Soll	Haben	B	USt	K	Gegen-konto-Nr.	Beleg-Nr.	Beleg-Datum	Konto-Nr.	Text	Skonto
	27,72				6855		30.06.	1800		

Beleg 15: Computer-Reparatur

Wie lautet die Buchung bei Zahlung am 24.10. per HAMBA?

IT-Systeme und Service-Center - Vertrieb und Distribution

Hölzer
Günter Hölzer GmbH
Am Neumarkt
22041 Hamburg

Günter Hölzer GmbH - Am Neumarkt 38 - 22041 Hamburg
2002/7793 1-9307/23361

INTER-FASHION
Bekleidungsgroßhandel
Postfach 11 06
21451 Reinbek

Distribution	**Systemvertrieb**
Telefon 040/65 72 8-0	Telefon 040/656 65-6
Telefax 040/65 72 8-100	Telefax 040/656 65-836
www.wvk.hoelzer.de	www.hoelzer.de
Ansprechpartner	**Lars Busacker**
Telefon	**040/656 65-878**

Datum **22.10.20..**

Rechnung Nr. **112270/3310781**

Sie erhielten bereits am 17.10.20..:

Pos.	Art.-Nr.	Bezeichnung	Menge	Preis	Gesamt
1	900008	**Technischer Service (1 AE = 6 Min.)** (1 Stunde = 10 Arbeitseinheiten)	4,00	7,00 €	28,00 €
2	900026	**Ersatzteil** für iMac	1,00	80,00 €	80,00 €

Gerätetyp: iMAC
Gerätenr.: TF30605S579

Fehler: Netzteil hat keine Funktion

Durchgeführte Arbeiten: Das Netzteil wurde ausgetauscht, Funktionstest wurde durchgeführt. Test ok.

Betrag netto	108,00 €
Umsatzsteuer 19 %	20,52 €
Gesamtbetrag	**128,52 €**

Zahlbar sofort, rein netto, ohne Abzug.

Bezahlt am 24.10. per HAMBA

Unsere Steuernummer: 1234567890
Bankverbindung IBAN: DE12 2004 0000 0281 8186 54

Buchung zu Beleg 15: Computer-Reparatur

Grundbuch

Datum/Nr.	Geschäftsfall	Konto Soll	Konto Haben	Betrag €	Betrag €
24.10.	Reparatur PC	Reparatur BGA		108,00	
		Vorsteuer		20,52	
			HAMBA		128,52

T-Konten

S	Reparatur BGA	H
108,00		

S	Vorsteuer	H
20,52		

S	HAMBA	H
		128,52

DATEV-Buchungsliste (SKR 03)

Soll	Haben	B	USt	K	Gegen-konto-Nr.	Beleg-Nr.	Beleg-Datum	Konto-Nr.	Text	Skonto
	128,52		9	0	4805		24.10.	1200		

DATEV-Buchungsliste (SKR 04)

Soll	Haben	B	USt	K	Gegen-konto-Nr.	Beleg-Nr.	Beleg-Datum	Konto-Nr.	Text	Skonto
	128,52		9	0	6470		24.10.	1800		

Beleg 16: Blumen für Empfangsraum

Wie lautet der Buchungssatz bei Barzahlung?

Quittung

				Nr.
Netto €		Ct		
+ % MwSt €		Ct		
Gesamt €	25	Ct	00	

Gesamtbetrag € in Worten

fünfundzwanzig Cent wie oben

(im Gesamtbetrag sind *7* % Mehrwertsteuer enthalten.)

von
INTER-FASHION, Claudia Münster

Deko für Empfang

für
1 Blumenstrauß

richtig erhalten zu haben bestätigt

Ort	Datum
Reinbek	*03.05.20..*

Buchungsvermerke	Stempel/Unterschrift
	Blumen Heinrich Telefon 040/738 11 12 21465 Reinbek, Bahnhofstraße 42 *Heinrich*

Buchung zu Beleg 16: Blumen für Empfangsraum

Grundbuch

Datum/Nr.	Geschäftsfall	Konto Soll	Konto Haben	Betrag €	Betrag €
03.05.	Blumenstrauß für Empfang bar bezahlt	Repräsentations-aufwendungen		23,36	
		Vorsteuer		1,64	
			Kasse		25,00

T-Konten

S	Repräsent.-Aufw.	H
23,36		

S	Vorsteuer	H
1,64		

S	Kasse	H
		25,00

DATEV-Buchungsliste (SKR 03)

Soll	Haben	B	USt	K	Gegen-konto-Nr.	Beleg-Nr.	Beleg-Datum	Konto-Nr.	Text	Skonto
	25,00		8	0	4640		03.05.	1000		

DATEV-Buchungsliste (SKR 04)

Soll	Haben	B	USt	K	Gegen-konto-Nr.	Beleg-Nr.	Beleg-Datum	Konto-Nr.	Text	Skonto
	25,00		8	0	6630		03.05.	1600		

MERKE

Es ist zu unterscheiden zwischen Geschenken und Repräsentationsaufwendungen. Repräsentationsaufwendungen sind in der Regel in voller Höhe abzugsfähig. Da bei Blumen in der Regel der Umsatzsteuersatz 7 % beträgt, ist Schlüssel 8 zu verwenden.

Beleg 17: Bewirtung von Geschäftsfreunden

a) Wie ist zu buchen?

b) Welche Gewinnauswirkung ergibt sich?

MOXX

RESTAURANT IN ST. GEORG
GREIFSWALDER STRASSE 43 - 20099 HAMBURG
TELEFON 040/24 94 22 - FAX 040/24 65 13
Unsere Steuernummer 1234567890

RECHNUNG

Für: INTER-FASHION, Rathausstraße 32, 21465 Reinbek

	Tisch 20	Saldo	-
4 x	Glas Champagner		26,00 €
3 x	Ratherren Pils		9,00 €
1 x	1 l Plose Acqua		6,00 €
1 x	Gavi		23,00 €
2 x	Apfelschorle		5,00 €
1 x	Sommer-Salate		8,00 €
1 x	Kalbszunge		17,00 €
2 x	Lammschulter		28,00 €
2 x	Kaninchenkeule		31,00 €
4 x	Cappuccino		12,00 €
1 x	Mocca-Parfait		6,00 €
		Saldo	171,00 €
		MwSt 19 %	27,30 €
		Netto-Warenwert	143,70 €
		BAR	171,00 €
	Kl. 1	10.06.20..	171,00 €

Bankverbindung IBAN: DE33 2007 0000 3470 002 01

ANGABEN ZUM NACHWEIS DER HÖHE UND DER BETRIEBLICHEN VERANLASSUNG VON BEWIRTUNGSAUFWENDUNGEN GEMÄSS § 4 ABS. 5 ZIFF. 2 ESTG

TAG DER BEWIRTUNG 10.06.20..	
ORT DER BEWIRTUNG **MOXX** RESTAURANT IN ST. GEORG - GREIFSWALDER STRASSE 43 - 20099 HAMBURG - TELEFON 040/24 94 22 - FAX 040/24 65 13	
BEWIRTETE PERSONEN *Herr Münster, Herr Vogel, Frau Meier, Frau Klüver (Fa. Adams Shop)*	
ANLASS DER BEWIRTUNG *Ausbau der Geschäftsbeziehungen*	
GESAMTAUFWENDUNGEN *171,00 Euro*	
ORT/DATUM *10.06.20..*	UNTERSCHRIFT *Münster*

Buchung zu Beleg 17: Bewirtung von Geschäftsfreunden

a) **Grundbuch**

Datum/Nr.	Geschäftsfall	Konto Soll	Konto Haben	Betrag €	Betrag €
10.06.	Barzahlung Restaurantrechnung	Bewirtungs-aufwendungen		100,59	
		Vorsteuer		27,30	
		Nichtabzugsfähige BA		43,11	
			Kasse		171,00

T-Konten

S Bewirtungsaufwand	H
100,59	

S Vorsteuer	H
27,30	

S Kasse	H
	171,00

S nicht abzugsfähige BA	H
43,11	

DATEV-Buchungsliste (SKR 03)

Soll	Haben	B	USt	K	Gegen-konto-Nr.	Beleg-Nr.	Beleg-Datum	Konto-Nr.	Text	Skonto
	119,70		9	0	4650		10.06.	1000		
	51,30		9	0	4654			1000		

DATEV-Buchungsliste (SKR 04)

Soll	Haben	B	USt	K	Gegen-konto-Nr.	Beleg-Nr.	Beleg-Datum	Konto-Nr.	Text	Skonto
	119,70		9	0	6640		10.06.	1600		
	51,30		9	0	6644			1600		

b) Die Konten Bewirtungskosten und nichtabzugsfähige Betriebsausgaben werden über GuV abgeschlossen. Der Gewinn vermindert sich somit um 143,70 €. Außerhalb der Bilanz und GuV werden dem Gewinn wieder 43,11 € hinzugerechnet.

MERKE

30 % der als angemessen angesehenen Bewirtungskosten sind nichtabzugsfähige Betriebsausgaben (vgl. § 4 Abs. 5 Nr. 2 EStG).

Beleg 18: Bewirtung von Geschäftsfreunden mit Trinkgeld

a) Wie ist zu buchen?

b) Was ist hinsichtlich der Vorsteuer beim Trinkgeld zu beachten?

MOXX

RESTAURANT IN ST. GEORG
GREIFSWALDER STRASSE 43 - 20099 HAMBURG
TELEFON 040/24 94 22 - FAX 040/24 65 13
Unsere Steuernummer 1234567890

RECHNUNG

Für: INTER-FASHION, Rathausstraße 32, 21465 Reinbek

	Tisch 20	Saldo	-
4 x	Glas Champagner		26,00 €
3 x	Ratherren Pils		9,00 €
1 x	1 l Plose Acqua		6,00 €
1 x	Gavi		23,00 €
2 x	Apfelschorle		5,00 €
1 x	Sommer-Salate		8,00 €
1 x	Kalbszunge		17,00 €
2 x	Lammschulter		28,00 €
2 x	Kaninchenkeule		31,00 €
4 x	Cappuccino		12,00 €
1 x	Mocca Parfait		6,00 €
		Saldo	171,00 €
		MwSt 19 %	27,30 €
		Netto-Warenwert	143,70 €
		BAR	171,00 €
	Kl. 1	10.06.20..	171,00 €

+ 9,00 € Tip
direkt der Bedienung übergeben

Bankverbindung IBAN: DE33 2007 0000 3470 002 01

ANGABEN ZUM NACHWEIS DER HÖHE UND DER BETRIEBLICHEN VERANLASSUNG VON BEWIRTUNGSAUFWENDUNGEN GEMÄSS § 4 ABS. 5 ZIFF. 2 ESTG

TAG DER BEWIRTUNG
10.06.20..

ORT DER BEWIRTUNG
MOXX
RESTAURANT IN ST. GEORG - GREIFSWALDER STRASSE 43 - 20099 HAMBURG - TELEFON 040/24 94 22 - FAX 040/24 65 13

BEWIRTETE PERSONEN
Herr Münster, Herr Vogel, Frau Meier, Frau Klüver (Fa. Adams Shop)

ANLASS DER BEWIRTUNG
Ausbau der Geschäftsbeziehungen

GESAMTAUFWENDUNGEN
171,00 Euro

ORT/DATUM	UNTERSCHRIFT
10.06.20..	*Münster*

Buchung zu Beleg 18: Bewirtung von Geschäftsfreunden mit Trinkgeld

a) **Grundbuch**

Datum/Nr.	Geschäftsfall	Konto Soll	Konto Haben	Betrag €	Betrag €
10.06.	Barzahlung Restaurantrechnung	Bewirtungs-aufwendungen		106,89	
		Vorsteuer		27,30	
		Nichtabzugsfähige BA		45,81	
			Kasse		180,00

T-Konten

S	Bewirtungsaufw.	H
106,89		

S	Vorsteuer	H
27,30		

S	Kasse	H
		180,00

S	nicht abzugsfähige BA	H
45,81		

DATEV-Buchungsliste (SKR 03)

Soll	Haben	B	USt	K	Gegen-konto-Nr.	Beleg-Nr.	Beleg-Datum	Konto-Nr.	Text	Skonto
	119,70		9	0	4650		10.06.	1000		
	51,30		9	0	4654			1000		
	6,30				4650			1000		
	2,70				4654			1000		

DATEV-Buchungsliste (SKR 04)

Soll	Haben	B	USt	K	Gegen-konto-Nr.	Beleg-Nr.	Beleg-Datum	Konto-Nr.	Text	Skonto
	119,70		9	0	6640		10.06.	1600		
	51,30		9	0	6645			1600		
	6,30				6640			1600		
	2,70				6645			1600		

b) Ein zusätzlich zum Rechnungsbetrag gezahltes Trinkgeld erhält das Bedienungspersonal direkt vom Gast. Es enthält keine Umsatzsteuer, sodass aus dem Trinkgeld auch keine Vorsteuer gezogen werden darf.

Beleg 19: Geschenk an Kunden bis 35 €

a) Wie ist zu buchen?

b) Nehmen Sie Stellung zur Abzugsfähigkeit von Geschenken bis zu netto 35 €.

Heinrich Roth
Feinkost • Wild • Geflügel • Weine

Bahnhofstraße 3
21465 Reinbek
Tel.: 040 - 72261172
Fax: 040 - 72730326

Heinrich Roth Bahnhofstraße 3 21465 Reinbek

Firma
INTER-FASHION
Rathausstraße 32
21465 Reinbek

Rechnung

Rechnungs-/Kundennummer: **05/0126**	Nachfolgend aufgeführte Waren oder Dienstleistungen haben Sie gemäß unserer Verkaufs- und Lieferbedingungen erhalten.
Ihr Auftrag/Bestellung **Vom 30.05.20..**	

Datum: 30.05.20..

Menge	Einheit	Gegenstand/Dienstleistung	Einzelpreis €	Gesamt €
		Wir lieferten Ihnen am 30.05.20..:		
1		Weinpräsent	25,00	25,00
		Überreicht an Herrn Adam von Adams Shop zum 10-jährigen Geschäftsjubiläum		
Zahlungsvereinbarung: Zahlbar rein netto sofort			Summe €	25,00
			MwSt 19 % €	4,75
Betrag dankend erhalten *Roth*			Endpreis €	29,75

Bankverbindung IBAN: DE46 2305 1610 2008 9365 02
Unsere Steuernummer: 1234567890

Buchung zu Beleg 19: Geschenk an Kunden bis 35 €

a) **Grundbuch**

Datum/Nr.	Geschäftsfall	Konto Soll	Konto Haben	Betrag €	Betrag €
30.05.	Barkauf Geschenk	Geschenke abzugsfähig		25,00	
		Vorsteuer		4,75	
			Kasse		29,75

T-Konten

S	Geschenke	H
25,00		

S	Vorsteuer	H
4,75		

S	Kasse	H
		29,75

DATEV-Buchungsliste (SKR 03)

Soll	Haben	B	USt	K	Gegen-konto-Nr.	Beleg-Nr.	Beleg-Datum	Konto-Nr.	Text	Skonto
	29,75		9	0	4630		30.05.	1000	Adams Shop	

DATEV-Buchungsliste (SKR 04)

Soll	Haben	B	USt	K	Gegen-konto-Nr.	Beleg-Nr.	Beleg-Datum	Konto-Nr.	Text	Skonto
	29,75		9	0	6610		30.05.	1600	Adams Shop	

b) Die Abzugsfähigkeit ist gegeben gemäß § 4 Abs. 5 EStG. Gemäß § 4 Abs. 7 EStG ist jedoch Voraussetzung für die Abzugsfähigkeit, dass die Geschenke auf einem besonderen Konto erfasst werden und die Aufwendungen für Geschenke an einen Geschäftsfreund pro Jahr insgesamt netto 35 € nicht übersteigen.

MERKE

Geschenke bis netto 35 € je Wirtschaftsjahr und Geschäftsfreund müssen gemäß § 4 Abs. 7 EStG gesondert aufgezeichnet werden.

Beleg 20: Geschenk an Kunden über 35 €

a) Wie ist zu buchen?

b) Welche Gewinnauswirkung ergibt sich aufgrund der Buchungen?

Heinrich Roth
Feinkost • Wild • Geflügel • Weine

Bahnhofstraße 3
21465 Reinbek
Tel.: 040 - 72261172
Fax: 040 - 72730326

Heinrich Roth Bahnhofstraße 3 21465 Reinbek

Firma
INTER-FASHION
Rathausstraße 32
21465 Reinbek

Rechnung

Rechnungs-/Kundennummer: **05/0126**	Nachfolgend aufgeführte Waren oder Dienstleistungen haben Sie gemäß unserer Verkaufs- und Lieferbedingungen erhalten.
Ihr Auftrag/Bestellung **Vom 30.05.20..**	

Datum: 30.05.20..

Menge	Einheit	Gegenstand/Dienstleistung	Einzelpreis €	Gesamt €
		Wir lieferten Ihnen am 30.05.20..:		
1		Weinpräsent	90,00	90,00
		Überreicht an Kunden Habbe zur Silberhochzeit		
Zahlungsvereinbarung: Zahlbar rein netto sofort			Summe €	90,00
			MwSt 19 % €	17,10
Betrag dankend erhalten *Roth*			Endpreis €	107,10

Bankverbindung IBAN: DE46 2305 1610 2008 9365 02
Unsere Steuernummer: 1234567890

Buchung zu Beleg 20: Geschenk an Kunden über 35 €

a) **Grundbuch**

Datum/Nr.	Geschäftsfall	Konto Soll	Konto Haben	Betrag €	Betrag €
30.05.	Barzahlung Geschenk	Geschenke nicht abzugsfähig		107,10	
			Kasse		107,10

T-Konten

S	Geschenke nicht abzugsf.	H
107,10		

S	Kasse	H
		107,10

DATEV-Buchungsliste (SKR 03)

Soll	Haben	B	USt	K	Gegen-konto-Nr.	Beleg-Nr.	Beleg-Datum	Konto-Nr.	Text	Skonto
	107,10				4635		30.05.	1000	Habbe	

DATEV-Buchungsliste (SKR 04)

Soll	Haben	B	USt	K	Gegen-konto-Nr.	Beleg-Nr.	Beleg-Datum	Konto-Nr.	Text	Skonto
	107,10				6620		30.05.	1600	Habbe	

b) Der Gewinn verringert sich zunächst um 107,10 €. Außerhalb der Bilanz und Gewinn- und Verlustrechnung wird der Betrag dem Gewinn wieder hinzugerechnet.

MERKE

Geschenke über 35 € gehören gemäß § 4 Abs. 5 Nr. 2 EStG zu den nicht abzugsfähigen Betriebsausgaben. Die Vorsteuer ist gemäß § 15 Abs. 1a Satz 1 UStG nicht abzugsfähig.

Beleg 21: Mieteinnahme Lagerräume

Wie lautet die Buchung?

Kontoauszug	**Hamburger Bank, IBAN: DE17 2005 0550 1251 1234 00**			
Kontonummer	Kontobezeichnung		Vortrag vom	Auszug Nr.
1251/123400	INTER-FASHION Bekleidungsgroßhandel		02.06.20..	81
			Saldovortrag	3.533,00 €
Buchungstag	Wertstellung	Erläuterungen	Belastungen/Gutschriften	
03. Jun.	03.06.	Gutschrift		1.190,00 €
		Meyersiek, Lagerraummiete		
		Juni, 1.000,00 € + 19 % USt		
		Auszug vom: 03. Jun	Neuer Saldo	
		Ihr Dispo: 100.000,00 €		4.723,00 €

Beleg 22: Taxiquittung für Stadtfahrt

Wie lautet die Buchung, wenn die Taxifahrt aus betrieblichem Anlass vorgenommen wurde?

TAXI

Taxi Hamburg Funkvermittlung Bruhns & Hoffmann OHG, Wandsbeker Konigsstr. 50, 22041 Hamburg

Funk Nr.	KD-Auftrags Nr.	BRF-Nr.	15,00 €	
--------- fünfzehn --------			Betrag inkl. 7 % MwSt	Kostenstelle
Herr/Frau/Firma: INTER-FASHION			Wartezeit	Ordnungs-Nr.
von			x Stadtfahrt	
			Arztfahrt	
nach			Botenfahrt	
16.02.20.. Bruhns			bar bezahlt	
Unterschrift/Fahrgast/Datum/Unterschrift/Fahrer				

Buchung zu Beleg 21: Mieteinnahme Lagerräume

Grundbuch

Datum/Nr.	Geschäftsfall	Konto Soll	Konto Haben	Betrag €	Betrag €
03.06.	Bankeingang Miete Juni für Lagerraum	HAMBA		1.190,00	
			Mieterträge		1.000,00
			Umsatzsteuer		190,00

T-Konten

S	HAMBA	H
1.190,00		

S	Mieterträge	H
		1.000,00

S	Umsatzsteuer	H
		190,00

DATEV-Buchungsliste (SKR 03)

Soll	Haben	B	USt	K	Gegen-konto-Nr.	Beleg-Nr.	Beleg-Datum	Konto-Nr.	Text	Skonto
	1.190,00		3	0	2750		03.06.	1200		

DATEV-Buchungsliste (SKR 04)

Soll	Haben	B	USt	K	Gegen-konto-Nr.	Beleg-Nr.	Beleg-Datum	Konto-Nr.	Text	Skonto
	1.190,00		3	0	4860		03.06.	1800		

Buchung zu Beleg 22: Taxiquittung für Stadtfahrt

Grundbuch

Datum/Nr.	Geschäftsfall	Konto Soll	Konto Haben	Betrag €	Betrag €
16.02.	Barzahlung Taxifahrt	Sonstige Fahrzeugkosten		14,02	
		Vorsteuer		0,98	
			Kasse		15,00

T-Konten

S	Sonstige Fahrzeugkosten	H
14,02		

S	Vorsteuer	H
0,98		

S	Kasse	H
		15,00

DATEV-Buchungsliste (SKR 03)

Soll	Haben	B	USt	K	Gegen-konto-Nr.	Beleg-Nr.	Beleg-Datum	Konto-Nr.	Text	Skonto
	15,00		8	0	4580		16.02.	1000		

DATEV-Buchungsliste (SKR 04)

Soll	Haben	B	USt	K	Gegen-konto-Nr.	Beleg-Nr.	Beleg-Datum	Konto-Nr.	Text	Skonto
	15,00		8	0	6570		16.02.	1600		

MERKE

Bei Stadtfahrten (= Fahrten innerhalb einer Gemeinde) oder bei Entfernungen bis 50 km beträgt der Umsatzsteuersatz 7 % (vgl. § 12 Abs. 2, Nr. 10 UStG).

Beleg 23: Heizungsreparatur

Wie lautet die Buchung der Rechnung (ohne Kontokorrent)?

Ralf Reimers	Matthias Peters
Heizungs- und Lüftungsbau	**Holz- und Bautenschutz**

Ralf Reimers und Matthias Peters - Sandweg 20a - 21465 Reinbek

Sandweg 20a
21465 Reinbek
Telefon: (040) 710 73 40
E-Mail: service@reimers-peters.de

INTER-FASHION
Bekleidungsgroßhandel
Im- und Export
Postfach 11 06
21451 Reinbek

03.03.20...

Rechnungsnummer: 1299

Für Wartungsarbeiten am 20.02.20.. berechnen wir:

Kesselreinigung, Einstellen des Brenners + Stördienst

Ersatzteile:

1 Danfoss Ölpumpe	**160,00 €**
1 Sündtrafo	**185,00 €**

Materialkosten	**345,00 €**
Arbeitslohn	**140,00 €**
Gesamt	**485,00 €**
19 % MwSt	**92,15 €**
Endsumme	**577,15 €**

Zahlbar nach Erhalt der Rechnung, rein netto.
Bis spätestens 10.03.20...

ACHTUNG: Neue Kontoverbindung beachten!

Unsere Steuernummer: 1234567890

Bankverbindung: IBAN: DE84 2005 0550 0139 7124 71

Buchung zu Beleg 23: Heizungsreparatur

Grundbuch

Datum/Nr.	Geschäftsfall	Konto Soll	Konto Haben	Betrag €	Betrag €
03.03.	Rechnung Reparatur Heizung	Reparaturen, Instand-setzung		485,00	
		Vorsteuer		92,15	
			Verbindlichkeiten		577,15

T-Konten

S Reparaturen, Instandsetzung	H
485,00	

S Vorsteuer	H
92,15	

S Verbindl. o. Kto. Korr.	H
	577,15

DATEV-Buchungsliste (SKR 03)

Soll	Haben	B	USt	K	Gegen-konto-Nr.	Beleg-Nr.	Beleg-Datum	Konto-Nr.	Text	Skonto
577,15			9	0	1610	1299	03.03.	4800	Reimers/ Heizungsreparatur	

DATEV-Buchungsliste (SKR 04)

Soll	Haben	B	USt	K	Gegen-konto-Nr.	Beleg-Nr.	Beleg-Datum	Konto-Nr.	Text	Skonto
577,15			9	0	3310	1299	03.03.	6460	Reimers/ Heizungsreparatur	

MERKE

Wird kein Kreditorenpersonenkonto eingerichtet, müssen Verbindlichkeiten auf dem Konto 1610 bzw. 3310 gebucht werden, da die Konten 1600 bzw. 3300 Sammelkonten sind und nicht bebucht werden können.

Beleg 24: Eigenbeleg Warenentnahme als Geschenk an Kunden bis 35 €

Wie lautet die Buchung?

Quittung

Netto	€		Ct		
+	% MwSt €		Ct		Nr.
Gesamt	€	22	Ct	50	Eigenbeleg

Gesamtbetrag € in Worten

zweiundzwanzig Cent wie oben

(im Gesamtbetrag sind ______ % Mehrwertsteuer enthalten.)

von

aus dem Warenlager entnommen
als Geschenk für die Kundin Reckewig, Berlin

für

1 Damenbluse

richtig erhalten zu haben bestätigt

Ort	Datum
Reinbek	02.06.20..

Buchungsvermerke	Stempel/Unterschrift
	Tobias Münster

Buchung zu Beleg 24: Eigenbeleg Warenentnahme als Geschenk an Kunden bis 35 €

Grundbuch

Datum/Nr.	Geschäftsfall	Konto Soll	Konto Haben	Betrag €	Betrag €
02.06.	Geschenk Kundin Reckewig	Geschenke abzugsfähig		22,50	
			Wareneinkauf		22,50

T-Konten

S	Geschenke abzugsfähig	H
22,50		

S	Wareneinkauf	H
		22,50

DATEV-Buchungsliste (SKR 03)

Soll	Haben	B	USt	K	Gegen-konto-Nr.	Beleg-Nr.	Beleg-Datum	Konto-Nr.	Text	Skonto
	22,50	4	0	0	4630		02.06.	3400	Reckewig, Berlin	

DATEV-Buchungsliste (SKR 04)

Soll	Haben	B	USt	K	Gegen-konto-Nr.	Beleg-Nr.	Beleg-Datum	Konto-Nr.	Text	Skonto
	22,50	4	0	0	6610		02.06.	5400	Reckewig, Berlin	

MERKE

Geschenke an Kunden sind bis zu 35 € je Kalenderjahr als Betriebsausgabe abzugsfähig. Auch die Vorsteuer ist abzugsfähig. Wird das Geschenk dem Warenlager entnommen, erfolgt lediglich eine Umbuchung vom Aufwandskonto „Wareneinkauf" auf das Aufwandskonto „Geschenke bis 35 €".

Die Vorsteuer bleibt abzugsfähig. Da das Konto 3400 (5400) ein Automatikkonto ist, muss Schlüssel 4 gesetzt werden, damit die Umsatzsteuer nicht korrigiert wird.

Beleg 25: Eigenbeleg Warenentnahme als Geschenk an Kunden über 35 €

Wie lautet die Buchung?

Netto	€	198	Ct	00	**Quittung**
+	% MwSt €		Ct		Nr.
Gesamt	€		Ct		**Eigenbeleg**

Gesamtbetrag € in Worten

einhundertachtundneunzig Cent wie oben

(im Gesamtbetrag sind ______ % Mehrwertsteuer enthalten.)

von

aus dem Warenlager entnommen
als Geschenk für den Kunden Adam aus Hamburg

für

1 Herrenanzug der Kollektion „Sun"

richtig erhalten zu haben bestätigt

Ort	Datum
Reinbek	02.06.20..

Buchungsvermerke	Stempel/Unterschrift
	Tobias Münster

Buchung zu Beleg 25: Eigenbeleg Warenentnahme als Geschenk an Kunden über 35 €

Grundbuch

Datum/Nr.	Geschäftsfall	Konto Soll	Konto Haben	Betrag €	Betrag €
02.06.	Geschenk Kunde Adam	Geschenke über 35,00 €		235,62	
			Wareneinkauf		198,00
			Vorsteuer		37,62

T-Konten

S	Geschenke über 35,00 €	H
235,62		

S	Wareneinkauf	H
		198,00

S	Vorsteuer	H
		37,62

DATEV-Buchungsliste (SKR 03)

Soll	Haben	B	USt	K	Gegen-konto-Nr.	Beleg-Nr.	Beleg-Datum	Konto-Nr.	Text	Skonto
	235,62				4635		02.06.	3400	Adam, Hamburg	

DATEV-Buchungsliste (SKR 04)

Soll	Haben	B	USt	K	Gegen-konto-Nr.	Beleg-Nr.	Beleg-Datum	Konto-Nr.	Text	Skonto
	235,62				6620		02.06.	5400	Adam, Hamburg	

MERKE

Wird ein Gegenstand aus dem Warenlager als Geschenk an einen Kunden verwendet, so sind der ursprüngliche Wareneinkauf zu stornieren und die Vorsteuer zu berichtigen (vgl. BMF-Schreiben v. 05.11.99).

Die Vorsteuer ist gemäß § 15 Abs. 1a Nr. 1 UStG nicht abzugsfähig und wird, da das Konto 3400 (5400) eine Automatikfunktion hat, beim obigen Buchungssatz automatisch korrigiert.

5. Steuern und Abgaben an den Staat

Beleg 1: Grundbesitzabgaben

Wie lautet die Buchung?

Kontoauszug	**Hamburger Bank, IBAN: DE17 2005 0550 1251 1234 00**			
Kontonummer	Kontobezeichnung		Vortrag vom	Auszug Nr.
1251/123400	INTER-FASHION Bekleidungsgroßhandel		16.02.20..	32
			Saldovortrag	12.451,00 €
Buchungstag	Wertstellung	Erläuterungen	Belastungen/Gutschriften	
18. Feb	18.02.20..	Stadt Reinbek	175,00 €	
		Pers.kto. 1-9307, Objekt 23361		
		Grundbesitzabgaben 1. VJ.20..		
		Rathaustr. 32, 21465 Reinbek		
		Auszug vom: 18. Feb	Neuer Saldo	
		Ihr Dispo: 100.000,00 €		12.276,00 €

Stadt Reinbek
- Der Magistrat -

21465 Reinbek, den 14.01.20..
Hamburger Str. 5 - 7

Telefon: 040/72 750 -0
Durchwahl: 040/72 750-234
E-Mail: finanzen@reinbek.de

STADT REINBEK, 21462 REINBEK
2002/7793 1-9307/23361

Auskunft erteilt
Frau Schaefer Zimmer 246

Sprechzeiten
Mo., Di., Do., Fr. 8.30 - 12.00 Uhr
Donnerstag 15.00 - 18.00 Uhr

Bei Zahlung bitte angeben
Pers.kto. 1-9307 Objekt 23361

INTER-FASHION
Bekleidungsgroßhandel
Im- und Export
Postfach 11 06
21451 Reinbek

Grundbesitzabgaben 20..

Objekt: Rathausstr. 32 (Betriebsgrundstück)

Zahlungsübersicht der 20.. festgesetzten Beträge

Grundsteuer B	360,00 €
Straßenreinigung (WE)	340,00 €
Gesamtjahresbetrag	**700,00 €**

Termin	zu überweisen	wir rufen ab	zu viel angefordert
16.02.20..		175,00 €	
15.05.20..		175,00 €	
17.08.20..		175,00 €	
16.11.20..		175,00 €	

Summe **700,00 €**

Bankverbindungen

Postbank	IBAN: DE30 2001 0020 0013 6272 08	Sparkasse Holstein	IBAN: DE56 2135 2240 0020 0802 80
Volksbank Stormarn	IBAN: DE68 2019 0190 0003 3016 70	Deutsche Bank	IBAN: DE79 2007 0000 0972 2000 00
Hamburger Sparkasse	IBAN: DE55 2005 0550 1397 1201 12	Commerzbank	IBAN: DE90 2004 0000 0261 0335 00

Buchung zu Beleg 1: Grundbesitzabgaben

Grundbuch

Datum/Nr.	Geschäftsfall	Konto Soll	Konto Haben	Betrag Euro	Betrag Euro
18.02.	Grundbesitzabgaben per Bank	Grundbesitzabgaben		90,00	
		Grundsteuer		85,00	
			HAMBA		175,00

T-Konten

S	Grundbes.-Abg.	H
90,00		

S	Grundsteuer	H
85,00		

S	HAMBA	H
		175,00

DATEV-Buchungsliste (SKR 03)

Soll	Haben	B	USt	K	Gegen-konto-Nr.	Beleg-Nr.	Beleg-Datum	Konto-Nr.	Text	Skonto
	90,00				2350		18.02.	1200		
	85,00				2375					

DATEV-Buchungsliste (SKR 04)

Soll	Haben	B	USt	K	Gegen-konto-Nr.	Beleg-Nr.	Beleg-Datum	Konto-Nr.	Text	Skonto
	90,00				6340		18.02.	1800		
	85,00				7680					

MERKE

Während im SKR 03 die verschiedenen Steuerarten auf die Kontenklassen 2 und 4 verteilt sind, befinden sich die verschiedenen Steuerarten im SKR 04 alle in der Kontenklasse 7.

Beleg 2: Kraftfahrzeugsteuer

Wie lautet die Buchung (ohne zeitliche Abgrenzung)?

Kontoauszug	Hamburger Bank, IBAN: DE17 2005 0550 1251 1234 00			
Kontonummer	Kontobezeichnung		Vortrag vom	Auszug Nr.
1251/123400	INTER-FASHION Bekleidungsgroßhandel		31.07.20..	141
			Saldovortrag	4.356,00 €
Buchungstag	**Wertstellung**	**Erläuterungen**	**Belastungen/Gutschriften**	
01. Aug	01.08.	Lastschrift Kfz-Steuer	87,00 €	
		KraftSt-Nr.: 2127/OD-IF 111/9		
		01.07.20.. - 30.06.20.(+1).		
		Auszug vom: 01. Aug	Neuer Saldo	
		Ihr Dispo: 100.000,00 €		4.269,00 €

Hauptzollamt Itzehoe

Telefon: (0351) 48 34 - 555
E-Mail: info.kraftst@zoll.de

Kraftfahrzeugsteuernummer: 2127/OD IF 111/9

Bescheid über Kraftfahrzeugsteuer

Hauptzollamt Itzehoe, Postfach 14 34, 25504 Itzehoe

INTER-FASHION
Postfach 11 06
21451 REINBEK

Datum: 22.07.20..

Festsetzung	**EUR**
Die Steuer für das Fahrzeug mit dem amtl. Kennzeichen OD-IF 111 wird festgesetzt: für die Zeit vom 01.07.20.. bis 30.06.20.. (+1) auf jährlich	87,00

Grundlagen der Festsetzung

Fahrzeugart	Personenkraftwagen
Erstzulassungsdatum	28.06.20.. (-3)
zulässige Gesamtmasse	0 kg
Emmissionsschlüssel/-klasse	0462 Euro 4
Antriebsart	Fremdzünder (Ottomotor)
Hubraum	1.240 cm^3, entspricht 13 angefangene 100 cm^3
Steuersatz	6,75 EUR je angefangene 100 cm^3 nach § 9 Abs. 2 Nr. 2a) aa) KraftStG

Steuerberechnung

	EUR gerundet
vom 01.07.20.. bis 30.06.20.. (+1): 6,75 EUR • 13 angefangene 100 cm • 365 Tage/365 Tage	87,00

Bankverbindung: Bundeskasse in Kiel, IBAN: DE57 2000 0000 0020 0010 43, BIC: MARKDEF1200
Kassenzeichen: K10340927345

Buchung zu Beleg 2: Kraftfahrzeugsteuer

Grundbuch

Datum/Nr.	Geschäftsfall	Konto Soll	Konto Haben	Betrag Euro	Betrag Euro
01.08.	Lastschrift Kfz-Steuer v. 01.07.20.. bis 30.06.20..(+1).	Kfz-Steuer		87,00	
			HAMBA		87,00

T-Konten

S	Kfz-Steuer	H
87,00		

S	HASPA	H
		87,00

DATEV-Buchungsliste (SKR 03)

Soll	Haben	B	USt	K	Gegen-konto-Nr.	Beleg-Nr.	Beleg-Datum	Konto-Nr.	Text	Skonto
	87,00				4510		01.08.	1200		

DATEV-Buchungsliste (SKR 04)

Soll	Haben	B	USt	K	Gegen konto Nr.	Beleg-Nr.	Beleg-Datum	Konto-Nr.	Text	Skonto
	87,00				7685		01.08.	1800		

MERKE

Das Konto für die Kfz-Steuer befindet sich im SKR 03 im Bereich der übrigen Kfz-Kosten (Klasse 4), im SKR 04 befinden sich die Konten für alle betrieblichen Steuerarten in der Kontenklasse 7.

Beleg 3: Gewerbesteuer-Vorauszahlung

Wie lautet die Buchung?

Kontoauszug	Hamburger Bank, IBAN: DE17 2005 0550 1251 1234 00			
Kontonummer	Kontobezeichnung		Vortrag vom	Auszug Nr.
1251/123400	INTER-FASHION Bekleidungsgroßhandel		16.05.20..	92
			Saldovortrag	9.875,00 €
Buchungstag	Wertstellung	Erläuterungen	Belastungen/Gutschriften	
17. Mai	17.05.	Stadt Reinbek	3.000,00 €	
		Gewerbesteuer VZ 02/20..		
		Auszug vom: 17. Mai	Neuer Saldo	
		Ihr Dispo: 100.000,00 €		6.875,00 €

Stadt Reinbek

- Der Magistrat -

21465 Reinbek, den 30.01.20..
Hamburger Str. 5 - 7

STADT REINBEK, 21462 REINBEK

Telefon: 040/72 750 -0
Durchwahl: 040/72 750-234
E-Mail: finanzen@reinbek.de

INTER-FASHION
Bekleidungsgroßhandel
Im- und Export
Postfach 11 06
21451 Reinbek

Aktenzeichen:
ID-Nummer:

Festsetzung von Vorauszahlungen

Sehr geehrter Herr Münster,
auf Ihren Antrag vom 12.12.20.. (-1) werden die zu entrichtenden Vorauszahlungen wie folgt festgesetzt:

Festsetzung laufender Vorauszahlungen:

Lfd. Nr.	Steuerart	Zeitraum – ab	Betrag EUR, Ct
1.	Gewerbesteuer	1. Vj. 20.. (+1)	3.000
2.	Gewerbesteuer	1. Vj. 20.. (+2)	3.000

Die Vorauszahlungen zur Gewerbesteuer sind jeweils zum 15.02., 15.05., 15.08. und 15.11. eines Jahres fällig. Die Abrechnung und die Zahlungsaufforderung ergeben sich ggf. aus der beigefügten *Anlage „Abrechnung"*.

Erläuterungen

Zur Vermeidung einer hohen Abschlusszahlung sollten Sie regelmäßig überprüfen, ob die dieser Festsetzung zugrunde gelegten Besteuerungsgrundlagen noch aktuell sind und ggf. eine Anpassung der Vorauszahlungen beantragen.

Rechtsbehelfsbelehrung

Dieser Bescheid kann mit dem Einspruch angefochten werden. Der Einspruch ist bei der Stadt Reinbek schriftlich einzureichen, dieser elektronisch zu übermitteln oder dort zur Niederschrift zu erklären.

Fortsetzung siehe Seite 2

Bankverbindungen

Postbank	IBAN: DE30 2001 0020 0013 6272 08	Sparkasse Holstein	IBAN: DE56 2135 2240 0020 0802 80
Volksbank Stormarn	IBAN: DE68 2019 0190 0003 3016 70	Deutsche Bank	IBAN: DE79 2007 0000 0972 2000 00
Hamburger Sparkasse	IBAN: DE55 2005 0550 1397 1201 12	Commerzbank	IBAN: DE90 2004 0000 0261 0335 00

Buchung zu Beleg 3: Gewerbesteuer-Vorauszahlung

Grundbuch

Datum/Nr.	Geschäftsfall	Konto Soll	Konto Haben	Betrag Euro	Betrag Euro
17.05.	Gewerbesteuer-Vorauszahlung 2. Quartal	Gew.St.-VZ		3.000,00	
			HAMBA		3.000,00

T-Konten

S	Gew.-St.-VZ	H
3.000,00		

S	HAMBA	H
		3.000,00

DATEV-Buchungsliste (SKR 03)

Soll	Haben	B	USt	K	Gegen-konto-Nr.	Beleg-Nr.	Beleg-Datum	Konto-Nr.	Text	Skonto
	3.000,00				4320		17.05.	1200		

DATEV-Buchungsliste (SKR 04)

Soll	Haben	B	USt	K	Gegen-konto-Nr.	Beleg-Nr.	Beleg-Datum	Konto-Nr.	Text	Skonto
	3.000,00				7610		17.05.	1800		

Beleg 4: Steuerliche Nebenleistungen (Säumniszuschlag)

Wie lautet die Buchung?

Kontoauszug	Hamburger Bank, IBAN: DE17 2005 0550 1251 1234 00			
Kontonummer	Kontobezeichnung		Vortrag vom	Auszug Nr.
1251/123400	INTER-FASHION Bekleidungsgroßhandel		23.06.20..	114
			Saldovortrag	17.369,45 €
Buchungstag	Wertstellung	Erläuterungen	Belastungen/Gutschriften	
25. Jun	25.06.	Übw. Finanzkasse Stormarn	1.055,59 €	
		Steuer-Nr. 1234567890		
		Auszug vom: 25. Jun	Neuer Saldo	
		Ihr Dispo: 100.000,00 €		16.313,86

INTER-FASHION
Inh.: Tobias Münster e. K.
Rathausstraße 32
21465 Reinbek

Konten der Finanzkasse
Gläubiger-ID DE88FIN0000000392
BBk Hamburg
IBAN: DE08 2000 0000 0020 2015 51
BIC: MARKDEF1200

Schuldgrund (Abgabeart)	Zeitraum	Fälligkeitstag	Schuldbetrag EUR	Säumniszuschlag EUR
Lohnsteuer	Mai 20..	10.06.20..	975,99	9,50
Solid.Zu.LSt.	Mai 20..	10.06.20..		0,00
Lohnkirchensteuer	Mai 20..	10.06.20..	70,10	
		Summen	1.046,09	9,50
		Insg.	1.055,59	

Auf Ihrem Konto bestehen andererseits folgende Guthaben:

Ausdruck lt. Kontostand v. 20.06.20..

Mahnung

Sehr geehrte Steuerzahlerin,
sehr geehrter Steuerzahler,

Sie haben versäumt, die neben stehenden fälligen Beträge zu entrichten.

Bitte zahlen Sie die rückständigen Steuern bzw. Abgaben einschließlich der Säumniszuschläge **innerhalb einer Woche** nach Zugang dieser Mahnung oder geben Sie die Teilnehmererklärung zum Lastschrifteinzug auf nebenstehendem Formular **innerhalb einer Woche** ab.

Bei Nichtbeachtung dieser Mahnung wird das Finanzamt ggf. auf Ihre Kosten ohne weitere Ankündigung Vollstreckungsmaßnahmen (z. B. Pfändung) Ihres Bankkontos etc. einleiten. Dabei kann an Ihrem Kraftfahrzeug ein Radblockierschloss (Parkkralle) angebracht werden. Bei rückständigen Kfz-Steuern kann auch die Abmeldung Ihres Kraftfahrzeugs von Amts wegen veranlasst werden. Gegebenenfalls müssen Sie mit der Durchführung eines Kontenabrufs nach § 93 Abs. 7 AO rechnen.

Bitte wenden Sie sich an die Steuerkasse, wenn Sie Fragen zu dieser Mahnung haben. Bei Fragen zur Festsetzung der gemahnten Beträge wenden Sie sich bitte an das Festsetzungsfinanzamt. Das zuständige Finanzamt sowie die entsprechende Anschrift und Telefonnummer entnehmen Sie bitte dem Steuerbescheid.

Bitte beachten Sie die anliegenden Hinweise.

Mit freundlichem Gruß
Ihr Finanzamt Stormarn

Buchung zu Beleg 4: Steuerliche Nebenleistungen (Säumniszuschlag)

Grundbuch

Datum/Nr.	Geschäftsfall	Konto Soll	Konto Haben	Betrag Euro	Betrag Euro
25.06.	Übw. Finanzamt für LSt., KiSt. Soli, SZ	Verb. LSt., KiSt.		1.046,09	
		Säumniszuschl.		9,50	
			HAMBA		1.055,59

T-Konten

S	Verb. LSt., KiSt.	H
1.046,09		

S	Säumniszuschl.	H
9,50		

S	HAMBA	H
		1.055,59

DATEV-Buchungsliste (SKR 03)

Soll	Haben	B	USt	K	Gegen-konto-Nr.	Beleg-Nr.	Beleg-Datum	Konto-Nr.	Text	Skonto
	1.046,09				1741		25.06.	1200		
	9,50				2103					

DATEV-Buchungsliste (SKR 04)

Soll	Haben	B	USt	K	Gegen-konto-Nr.	Beleg-Nr.	Beleg-Datum	Konto-Nr.	Text	Skonto
	1.046,09				3730		25.06.	1800		
	9,50				7303					

MERKE

Säumniszuschläge auf Steuern und Abgaben teilen das Schicksal der jeweiligen Steuer- bzw. Abgabenart: Bei betrieblichen Steuern, z. B. Umsatz- und Lohnsteuer sind auch die steuerlichen Nebenleistungen, z. B. Säumniszuschläge, als Betriebsausgaben abzugsfähig.

Bei privaten Steuern, z. B. Einkommensteuer, sind auch die steuerlichen Nebenleistungen privat, d. h. auf Privatentnahmen zu buchen.

Beleg 5: Umsatzsteuer-Vorauszahlung

Wie lautet die Buchung?

Kontoauszug	**Hamburger Bank, IBAN: DE17 2005 0550 1251 1234 00**			
Kontonummer	Kontobezeichnung		Vortrag vom	Auszug Nr.
1251/123400	INTER-FASHION Bekleidungsgroßhandel		13.04.20..	74
			Saldovortrag	22.783,00 €
Buchungstag	Wertstellung	Erläuterungen	Belastungen/Gutschriften	
17. Apr	17.04.	Finanzkasse Bad Oldesloe	6.534,60 €	
		Umsatzst.-Vorauszahlg. Febr. 20..		
		St.-Nr. 1234567890		
		Auszug vom: 17. Apr	Neuer Saldo	
		Ihr Dispo: 100.000,00 €		16.248,40 €

- Bitte weiße Felder ausfüllen oder ☒ ankreuzen, Anleitung beachten -

20..

Fallart	Steuernummer	Unterfallart
11	1234567890	56

30 Eingangsstempel oder -datum

Umsatzsteuer-Voranmeldung 20..

Finanzamt
Stormarn
Berliner Ring 25
23843 Bad Oldesloe

Unternehmer – ggf. abweichende Firmenbezeichnung – Anschrift – Telefon – E-Mail-Adresse
INTER-FASHION
Inhaber Tobias Münster e. K.
Rathausstraße 32
21465 Reinbek

Voranmeldungszeitraum
bei **monatlicher** Abgabe bitte ankreuzen / bei **vierteljährlicher** Abgabe bitte ankreuzen

21 01	Jan.		21 07	Juli		21 41	I. Kalendervierteljahr	
21 02	Feb.	X	21 08	Aug.		21 42	II. Kalendervierteljahr	
21 03	März		21 09	Sept.		21 43	III. Kalendervierteljahr	
21 04	April		21 10	Okt.		21 44	IV. Kalendervierteljahr	
21 05	Mai		21 11	Nov.				
21 06	Juni		21 12	Dez.				

Berichtigte Anmeldung (falls ja, bitte eine „1" eintragen) 10

Belege (Verträge, Rechnungen usw.) sind beigefügt bzw. werden gesondert eingereicht (falls ja, bitte eine „1" eintragen) 22

I. Anmeldung der Umsatzsteuer-Vorauszahlung

Zeile		Kz	Bemessungsgrundlage ohne Umsatzsteuer volle EUR	Kz	Steuer EUR	Ct
18	**Lieferungen und sonstige Leistungen** (einschließlich unentgeltlicher Wertabgaben)					
19	**Steuerpflichtige Umsätze** (Lieferungen und sonstige Leistungen einschl. unentgeltlicher Wertabgaben)					
20	zum Steuersatz von 19 %	81	154.375		29.331	25
21	zum Steuersatz von 7 %	86				
22	zu anderen Steuersätzen	35		36		
23	Lieferungen land- und forstwirtschaftlicher Betriebe nach § 24 UStG an Abnehmer **mit** USt-IdNr.	77				
24	Umsätze, für die eine Steuer nach § 24 UStG zu entrichten ist (Sägewerkserzeugnisse, Getränke und alkohol. Flüssigkeiten, z.B. Wein)	76		80		
25	**Steuerfreie Umsätze mit Vorsteuerabzug**					
26	**Innergemeinschaftliche Lieferungen** (§ 4 Nr. 1 Buchst. b UStG) an Abnehmer **mit** USt-IdNr.	41	25.369			
27	neuer Fahrzeuge an Abnehmer **ohne** USt-IdNr.	44				
28	neuer Fahrzeuge außerhalb eines Unternehmens (§ 2a UStG)	49				
29	**Weitere steuerfreie Umsätze mit Vorsteuerabzug** (z.B. Ausfuhrlieferungen, Umsätze nach § 4 Nr. 2 bis 7 UStG)	43	7.460			
30	**Steuerfreie Umsätze ohne Vorsteuerabzug** (z.B. Umsätze nach § 4 Nr. 8 bis 29 UStG)	48				
32	**Innergemeinschaftliche Erwerbe**					
33	**Steuerfreie innergemeinschaftliche Erwerbe** von bestimmten Gegenständen und Anlagegold (§§ 4b und 25c UStG)	91				
34	**Steuerpflichtige innergemeinschaftliche Erwerbe** zum Steuersatz von 19 %	89				
35	zum Steuersatz von 7 %	93				
36	zu anderen Steuersätzen	95		98		
37	**neuer Fahrzeuge** (§ 1b Abs. 2 und 3 UStG) von Lieferern **ohne** USt-IdNr. zum allgemeinen Steuersatz	94		96		
38	**Leistungsempfänger als Steuerschuldner**					
39	**(§ 13b UStG)**					
40	Sonstige Leistungen nach § 3a Abs. 2 UStG eines im übrigen Gemeinschaftsgebiet ansässigen Unternehmers (§ 13b Abs. 1 UStG)	40		47		
41	Umsätze, die unter das GrEStG fallen (§ 13b Abs. 2 Nr. 3 UStG)	73		74		
42	Andere Leistungen (§ 13b Abs. 2 Nr. 1, 2, 4 bis 12 UStG)	84		85		
43	**Übertrag** ... zu übertragen in Zeile 45				29.331	25

Zeile		Kz	Bemessungsgrundlage ohne Umsatzsteuer volle EUR	Kz	Steuer EUR	Ct
44	**Steuernummer:** 1234567890					
45	**Übertrag**				29.331	25
46						
47	**Ergänzende Angaben zu Umsätzen**					
48	Lieferungen des ersten Abnehmers bei innergemeinschaftlichen **Dreiecksgeschäften** (§ 25b UStG)	42				
49	Steuerpflichtige Umsätze des leistenden Unternehmers, für die der **Leistungsempfänger** die **Steuer nach § 13b Abs. 5 UStG schuldet**	60				
50	**Nicht steuerbare sonstige Leistungen** gem. § 18b Satz 1 Nr. 2 UStG	21				
51	**Übrige nicht steuerbare Umsätze** (Leistungsort nicht im Inland)	45				
52	**Umsatzsteuer**				29.331	25
53	**Abziehbare Vorsteuerbeträge**					
54–55	Vorsteuerbeträge aus Rechnungen von anderen Unternehmern (§ 15 Abs. 1 Satz 1 Nr. 1 UStG), aus Leistungen im Sinne des § 13a Abs. 1 Nr. 6 UStG (§ 15 Abs. 1 Satz 1 Nr. 5 UStG) und aus innergemeinschaftlichen Dreiecksgeschäften (§ 25b Abs. 5 UStG)			66	22.796	65
56	Vorsteuerbeträge aus dem innergemeinschaftlichen Erwerb von Gegenständen (§ 15 Abs. 1 Satz 1 Nr. 3 UStG)			61		
57	Entstandene Einfuhrumsatzsteuer (§ 15 Abs. 1 Satz 1 Nr. 2 UStG)			62		
58	Vorsteuerbeträge aus Leistungen im Sinne des § 13b UStG (§ 15 Abs. 1 Satz 1 Nr. 4 UStG)			67		
59	Vorsteuerbeträge, die nach allgemeinen Durchschnittssätzen berechnet sind (§§ 23 und 23a UStG)			63		
60	Vorsteuerabzug für innergemeinschaftliche Lieferungen neuer Fahrzeuge außerhalb eines Unternehmens (§ 2a UStG) sowie von Kleinunternehmern im Sinne des § 19 Abs. 1 UStG (§ 15 Abs. 4a UStG)			59		
61	Berichtigung des Vorsteuerabzugs (§ 15a UStG)			64		
62	Verbleibender Betrag				6.534	60
63	**Andere Steuerbeträge**					
64	Steuer infolge des Wechsels der Besteuerungsform sowie Nachsteuer auf versteuerte Anzahlungen u. ä. wegen Steuersatzänderung			65		
65	In Rechnungen unrichtig oder unberechtigt ausgewiesene Steuerbeträge (§ 14c UStG) sowie Steuerbeträge, die nach § 6a Abs. 4 Satz 2, § 17 Abs. 1 Satz 7, § 25b Abs. 2 UStG oder von einem Auslagerer oder Lagerhalter nach § 13a Abs. 1 Nr. 6 UStG geschuldet werden			69		
66	**Umsatzsteuer-Vorauszahlung/Überschuss**					
67	**Abzug** der festgesetzten **Sondervorauszahlung** für Dauerfristverlängerung (in der Regel nur in der letzten Voranmeldung des Besteuerungszeitraums auszufüllen)			39		
68	**Verbleibende Umsatzsteuer-Vorauszahlung** ... **(bitte in jedem Fall ausfüllen)**			83	6.534	60
69	**Verbleibender Überschuss** - bitte dem Betrag ein Minuszeichen voranstellen -					
71–72	**Ergänzende Angaben zu Minderungen nach § 17 Abs. 1 Sätze 1 und 2 i.V.m. Abs. 2 Nr. 1 Satz 1 UStG**					
73	Minderung der Bemessungsgrundlage (in den Zeilen 20 bis 24 enthalten)	50				
74	Minderung der abziehbaren Vorsteuerbeträge (in der Zeile 55 aus Rechnungen von anderen Unternehmern (§ 15 Abs. 1 Satz 1 Nr. 1 UStG) sowie in den Zeilen 59 und 60 enthalten)			37		

II. Sonstige Angaben und Unterschrift

Ein Erstattungsbetrag wird auf das dem Finanzamt benannte Konto überwiesen, soweit der Betrag nicht mit Steuerschulden verrechnet wird.

Verrechnung des Erstattungsbetrags erwünscht / Erstattungsbetrag ist abgetreten (falls ja, bitte eine „1" eintragen) 29
Geben Sie bitte die Verrechnungswünsche auf einem gesonderten Blatt an oder auf dem beim Finanzamt erhältlichen Vordruck „Verrechnungsantrag".

Das **SEPA-Lastschriftmandat** wird ausnahmsweise (z.B. wegen Verrechnungswünschen) für diesen Voranmeldungszeitraum **widerrufen** (falls ja, bitte eine „1" eintragen) 26
Ein ggf. verbleibender Restbetrag ist gesondert zu entrichten.

Über die Angaben in der Steueranmeldung hinaus sind weitere oder abweichende Angaben oder Sachverhalte zu berücksichtigen (falls ja, bitte eine „1" eintragen) 23
Geben Sie bitte diese auf einem gesonderten Blatt an, welches mit der Überschrift **„Ergänzende Angaben zur Steueranmeldung"** zu kennzeichnen ist.

10.11.20..
Datum, Unterschrift

Datenschutzhinweis:
Die mit der Steueranmeldung angeforderten Daten werden auf Grund der §§ 149, 150 AO und der §§ 18, 18b UStG erhoben. Die Angabe der Telefonnummer und der E-Mail-Adresse ist freiwillig. Informationen über die Verarbeitung personenbezogener Daten in der Steuerverwaltung und über Ihre Rechte nach der Datenschutz-Grundverordnung sowie über Ihre Ansprechpartner in Datenschutzfragen entnehmen Sie bitte dem allgemeinen Informationsschreiben der Finanzverwaltung. Dieses Informationsschreiben finden Sie unter www.finanzamt.de (unter der Rubrik „Datenschutz") oder erhalten Sie bei Ihrem Finanzamt.

Buchung zu Beleg 5: Umsatzsteuer-Vorauszahlung

Grundbuch

Datum/Nr.	Geschäftsfall	Konto Soll	Konto Haben	Betrag Euro	Betrag Euro
17.04.	Umsatzst.-VZ. Febr. 20..	Umsatzsteuer-VZ.		6.534,60	
			HAMBA		6.534,60

T-Konten

S	USt.-VZ	H
6.534,60		

S	HAMBA	H
		6.534,60

DATEV-Buchungsliste (SKR 03)

Soll	Haben	B	USt	K	Gegen-konto-Nr.	Beleg-Nr.	Beleg-Datum	Konto-Nr.	Text	Skonto
	6.534,60				1780		17.04.	1200		

DATEV-Buchungsliste (SKR 04)

Soll	Haben	B	USt	K	Gegen-konto-Nr.	Beleg-Nr.	Beleg-Datum	Konto-Nr.	Text	Skonto
	6.534,60				3820		17.04.	1800		

MERKE

Die Umsatzsteuer-Vorauszahlungen sind wirtschaftsjahrgenau auf dem Konto Umsatzsteuer-Vorauszahlungen zu erfassen, damit sie später automatisch in die Umsatzsteuererklärung übernommen werden können. Umsatzsteuer-Erstattungen für das laufende Jahr werden ebenfalls auf dem Konto Umsatzsteuer-Vorauszahlungen gebucht. Die Umsatzsteuer für Februar wäre normalerweise bis spätestens am 15. März zu entrichten.

Bei einem Antrag auf Dauerfristverlängerung von 1 Monat und einer Sondervorauszahlung in Höhe von 1/11 der Vorjahres-Umsatzsteuerschuld können die monatlichen Umsatzsteuer-Voranmeldungen und -zahlungen jedoch – wie hier – jeweils einen Monat später erfolgen.

Beleg 6: Umsatzsteuer-Nachzahlung

Wie lautet die Buchung?

Kontoauszug	**Hamburger Bank, IBAN: DE17 2005 0550 1251 1234 00**			
Kontonummer	Kontobezeichnung		Vortrag vom	Auszug Nr.
1251/123400	INTER-FASHION Bekleidungsgroßhandel		20.08.20..	156
			Saldovortrag	14.365,30 €
Buchungstag	Wertstellung	Erläuterungen	Belastungen/Gutschriften	
22. Aug	22.08.	Finanzkasse Bad Oldesloe	629,00 €	
		Umsatzst.-Abschlusszahlung 20.. (-1)		
		St.-Nr. 1234567890		
		Auszug vom: 22. Aug	Neuer Saldo	
		Ihr Dispo: 100.000,00 €		13.736,30 €

Buchung zu Beleg 6: Umsatzsteuer-Nachzahlung

Grundbuch

Datum/Nr.	Geschäftsfall	Konto Soll	Konto Haben	Betrag Euro	Betrag Euro
22.08.	Umsatzst.-NZ. Vorjahr	Umsatzst. Vorjahr		629,00	
			HAMBA		629,00

T-Konten

S	USt.-Vorjahr	H
629,00		

S	HAMBA	H
		629,00

DATEV-Buchungsliste (SKR 03)

Soll	Haben	B	USt	K	Gegen-konto-Nr.	Beleg-Nr.	Beleg-Datum	Konto-Nr.	Text	Skonto
	629,00				1790		22.08.	1200		

DATEV-Buchungsliste (SKR 04)

Soll	Haben	B	USt	K	Gegen-konto-Nr.	Beleg-Nr.	Beleg-Datum	Konto-Nr.	Text	Skonto
	629,00				3841		22.08.	1800		

MERKE

Bei der Erstellung des Jahresabschlusses kann sich z. B. durch Eigenverbrauchsbuchungen durchaus eine Umsatzsteuernachzahlung ergeben. Die Nachzahlung ist innerhalb eines Monats nach Eingang der Steuererklärung beim Finanzamt an das Finanzamt zu bezahlen (vgl. § 18 Abs. 4 Satz 1 UstG).

Beleg 7: Umsatzsteuer-Erstattung

Wie lautet die Buchung?

Kontoauszug	**Hamburger Bank, IBAN: DE17 2005 0550 1251 1234 00**			
Kontonummer	Kontobezeichnung		Vortrag vom	Auszug Nr.
1251/123400	INTER-FASHION Bekleidungsgroßhandel		14.06.20..	114
			Saldovortrag	2.893,00 €
Buchungstag	Wertstellung	Erläuterungen	Belastungen/Gutschriften	
18. Jun	18.06.	Finanzkasse Bad Oldesloe		1.457,00 €
		Umsatzst.-Erstattung 20.. (-1)		
		St.-Nr. 1234567890		
		Auszug vom: 18. Jun	Neuer Saldo	
		Ihr Dispo: 100.000,00 €		4.350,80 €

Buchung zu Beleg 7: Umsatzsteuer-Erstattung

Grundbuch

Datum/Nr.	Geschäftsfall	Konto Soll	Konto Haben	Betrag Euro	Betrag Euro
18.06.	Umsatzst.-Erstattung Vorjahr	HAMBA		1.457,80	
			USt.-Forderungen		1.457,80

T-Konten

S	HAMBA	H
1.457,80		

S	USt.-Forderungen	H
		1.457,80

DATEV-Buchungsliste (SKR 03)

Soll	Haben	B	USt	K	Gegen-konto-Nr.	Beleg-Nr.	Beleg-Datum	Konto-Nr.	Text	Skonto
1.457,80					1545		18.06.	1200		

DATEV-Buchungsliste (SKR 04)

Soll	Haben	B	USt	K	Gegen-konto-Nr.	Beleg-Nr.	Beleg-Datum	Konto-Nr.	Text	Skonto
1.457,80					1422		18.06.	1800		

MERKE

Im SKR 03 heißt das Konto 1545 Umsatzsteuerforderungen. Im SKR 04 hingegen wird weiter differenziert. Dort heißt das entsprechende Konto 1422 Umsatzsteuerforderungen Vorjahr. Außerdem gibt es die Konten 1421 Umsatzsteuerforderungen laufendes Jahr sowie 1425 Umsatzsteuerforderungen frühere Jahre.

Beleg 8: Bußgeld

Wie lautet die Buchung?

Kontoauszug	Hamburger Bank, IBAN: DE17 2005 0550 1251 1234 00			
Kontonummer	Kontobezeichnung		Vortrag vom	Auszug Nr.
1251/123400	INTER-FASHION Bekleidungsgroßhandel		03.07.20..	103
			Saldovortrag	10.066,27 €
Buchungstag	Wertstellung	Erläuterungen	Belastungen/Gutschriften	
10. Jul	10.07.	Bußgeld	25,00 €	
		Kasse Hamburg		
		2387.69.345789.0		
		Auszug vom: 10. Jul	Neuer Saldo	
		Ihr Dispo: 100.000,00 €		10.041,27 €

Freie und Hansestadt Hamburg

Behörde für Inneres und Sport

Einwohner-Zentralamt, Amsinckstr. 34, 20097 Hamburg

INTER-FASHION
Bekleidungsgroßhandel
Inh.: Tobias Münster e. K.
Rathausstr. 32
21465 Reinbek

Einwohner-Zentralamt
Abteilung für Bußgeld und Verwarnungsangelegenheiten
(Bußgeldstelle)
Amsinckstraße 34

Ansprechpartner:	Frau Graaf
Telefon:	040-42803950
Telefax:	040-42803955
E-Mail:	Bussgeldstelle HH.de
Internet:	www.HH-bussgeldstelle.de
Datum:	02.07.20..
Aktenzeichen:	**2387.69.345789.0**

V e r w a r n u n g mit Verwarnungsgeld/Anhörung

Sehr geehrte Herr Münster,
Ihnen wird vorgeworfen, am 03.06.20.. von 12.20 Uhr bis 13.15 Uhr in Hamburg, Jungfernstieg als Führer des Pkw mit dem Kennzeichen OD - XJ 73 folgende Ordnungswidrigkeit begangen zu haben:

Sie überschritten im Bereich eines Parkscheinautomaten die auf dem Parkschein angegebene Parkzeit länger als 30 Minuten.
§ 13 Abs. 1 2, § 49 StVO; § 24 StVO; 63.2 BKat

Beweismittel: Foto
Zeuge: Krause, LBVPRM 22

Wegen dieser Ordnungswidrigkeit werden Sie mit einem Verwarnungsgeld in Höhe von
25,00 Euro (zahlbar innerhalb einer Woche nach Erhalt)
gemäß § 56 des Gesetzes über Ordnungswidrigkeiten (OWG) verwarnt.

Wenn Sie mit der Verwarnung nicht einverstanden sind, können Sie innerhalb einer Woche zu dem Vorwurf Stellung nehmen (§ 55 OWG). Sind Sie für die Ordnungswidrigkeit nicht verantwortlich, teilen Sie bitte die verantwortliche Person innerhalb einer Woche ab Zugang dieses Schreibens mit.

Bei Halt- oder Parkverstößen ist Folgendes zu beachten:
Falls die Fahrerin oder der Fahrer nicht ermittelt werden kann oder die Ermittlung mit einem unangemessenen Aufwand verbunden wäre, sind der Halterin oder dem Halter des Fahrzeug gemäß § 25 a des Straßenverkehrsgesetzes (StVG) die Kosten des Verfahrens aufzuerlegen. Insoweit erhalten Sie hiermit ebenfalls Gelegenheit zur Äußerung.

Verwarnungen werden im Fahreignungsverzeichnis nicht eingetragen.

Bitte beachten Sie unbedingt die Zahlungsfrist. Weitere Hinweise finden Sie nachstehend.

Mit freundlichen Grüßen
Graaf

Sprechzeiten: Montag und Donnerstag 9.00 - 15.00, Freitag 9.00 - 12.00 Uhr
Telefonische Erreichbarkeit: Montag bis Freitag 9.00 - 12.00 Uhr
Zahlungen bitte unter Angabe des Aktenzeichens an die Kasse Hamburg, IBAN DE70 2000 0000 0020 0015, BIC: MARKDEF1200

Buchung zu Beleg 8: Bußgeld

Grundbuch

Datum/Nr.	Geschäftsfall	Konto Soll	Konto Haben	Betrag Euro	Betrag Euro
01.08.	Bußgeldzahlung	Nicht abzugsf. BA		25,00	
			HAMBA		25,00

T-Konten

S	nicht abz. BA	H
25,00		

S	HAMBA	H
		25,00

DATEV-Buchungsliste (SKR 03)

Soll	Haben	B	USt	K	Gegen-konto-Nr.	Beleg-Nr.	Beleg-Datum	Konto-Nr.	Text	Skonto
	25,00				4655		10.07.	1200		

DATEV-Buchungsliste (SKR 04)

Soll	Haben	B	USt	K	Gegen-konto-Nr.	Beleg-Nr.	Beleg-Datum	Konto-Nr.	Text	Skonto
	25,00				6840		10.07.	1800		

MERKE

Bei einem Einzelunternehmen wie INTER-FASHION werden Strafen oder Bußgelder i. d. R. als Privatentnahmen gebucht. Bei einer Kapitalgesellschaft, z. B. einer GmbH, wäre das allerdings nicht möglich, da es keine Privatkonten gibt.

Strafen oder Bußgelder, die aus betrieblichen Gründen verursacht werden, stellen eine Betriebsausgabe dar.

Gemäß § 4 Abs. 5 Nr. 8 EstG dürfen aber Geldbußen, Ordnungsgelder und Verwarnungsgelder den steuerlichen Gewinn nicht mindern. Deshalb wird der Saldo des Kontos 4655 (6840) beim Jahresabschluss dem Handelsbilanzgewinn wieder hinzugerechnet.

Beleg 9: Grunderwerbsteuer

Wie lautet die Buchung?

Kontoauszug	**Hamburger Bank, IBAN: DE17 2005 0550 1251 1234 00**			
Kontonummer	Kontobezeichnung		Vortrag vom	Auszug Nr.
1251/123400	INTER-FASHION Bekleidungsgroßhandel		04.07.20..	122
			Saldovortrag	14.256,00 €
Buchungstag	Wertstellung	Erläuterungen	Belastungen/Gutschriften	
07. Jul	07.07.	Finanzkasse FA Stormarn	5.850,00 €	
		Grunderwerbsteuer		
		St.-Nr. 1234567890		
		Auszug vom: 07. Jul	Neuer Saldo	
		Ihr Dispo: 100.000,00 €		8.406,00 €

Steuernummer 1234567890 (Bitte bei Rückfragen angeben)

03.06.20..

FA Stormarn, 23840 Bad Oldesloe

Herrn Notar Dr. Jochen Bertholdt
Lübecker Straße 24, 23843 Bad Oldesloe
für
Firma Inter-Fashion
Inh.: Tobias Münster
Rathausstraße 32, 21465 Reinbek

Finanzamt Stormarn
23843 Bad Oldesloe, Berliner Weg 25
Telefon 04531/507-956

Bescheid
über
G r u n d e r w e r b s t e u e r

Festsetzung und Abrechnung

Festsetzung	Grunderwerbsteuer €
Festgesetzt wird	5.850,00
Abrechnung des Finanzamts Stormarn (Stichtag: 01.06.20..) – Abzurechnen sind Bereits getilgt/ausgezahlt	5.850,00 0,00
Noch zu zahlen	5.850,00
Bitte zahlen Sie spätestens am 10.07.20..	5.850,00

Sachverhalt

Sie haben durch Kaufvertrag vom 15.03.20.. – Notar Dr. Jochen Berthold, URNr./Az: 654323/11 – folgenden Grundbesitz zu 1000/1000 von der Erbengemeinschaft Wipperfürth GbR erworben:

Gemeinde/Gemarkung/Grundbuch: Reinbek, Rathausstraße 34
Flurstücksnummer/Blattnummer: 5029/11351.11459 – Unbebautes Grundstück

Der Erwerbsvorgang unterliegt gemäß § 1 Abs. 1 Nr. 1 Grunderwerbsteuergesetz (GrEStG) der Grunderwerbsteuer.

Besteuerungsgrundlagen

Ermittlung der Bemessungsgrundlage	€
Kaufpreis	90.000,00
Gesamtbetrag der Gegenleistung	90.000,00
Steuerpflichtiger Teil der Gegenleistung	90.000,00
Anteil des Steuerpflichtigen 100,00 %	90.000,00

Berechnung der Grunderwerbsteuer	€
Die Steuer wird gemäß § 11 GrErwStG aus der Bemessungsgrundlage festgesetzt auf 6,5 %	5.850,00

Grundbucheintragung
Der Erwerber darf erst dann ins Grundbuch eingetragen werden, wenn das Finanzamt bescheinigt, dass der Eintragung steuerliche Bedenken nicht entgegenstehen. Das Finanzamt erteilt diese Unbedenklichkeitsbescheinigung, wenn die Grunderwerbsteuer entrichtet, sichergestellt oder gestundet worden ist oder wenn Steuerfreiheit gegeben ist.

Erläuterungen
Bitte beachten Sie, dass jeder Erwerber einen eigenen Grunderwerbsteuerbescheid mit eigener Steuernummer erhält. Ich bitte, die jeweils festgesetzte Steuer separat unter Angabe der jeweiligen Steuernummer zu überweisen. Sie helfen so, das Verfahren zu beschleunigen.

Rechtsbehelfsbelehrung
Die Festsetzung der Grunderwerbsteuer kann mit dem Einspruch angefochten werden.

Der Einspruch ist bei dem vorbezeichneten Finanzamt oder bei der angegebenen Außenstelle schriftlich einzureichen oder zur Niederschrift zu erklären.

Ein Einspruch ist jedoch ausgeschlossen, soweit dieser Bescheid einen Verwaltungsakt ändert oder ersetzt, gegen den ein zulässiger Einspruch oder (nach einem zulässigen Einspruch) eine zulässige Klage, Revision oder Nichtzulassungsbeschwerde anhängig ist. In diesem Fall wird der neue Verwaltungsakt Gegenstand des Rechtsbehelfsverfahrens.

Die Frist für die Einlegung eines Einspruchs beträgt einen Monat.

Sie beginnt mit Ablauf des Tages, an dem Ihnen dieser Steuerbescheid bekannt gegeben worden ist. Bei Zusendung durch einfachen Brief gilt die Bekanntgabe mit dem dritten Tag nach Aufgabe zur Post als bewirkt, es sei denn, dass der Bescheid zu einem späteren Zeitpunkt zugegangen ist.

Auch wenn ein Einspruch eingelegt worden ist, müssen die angeforderten Beträge fristgemäß gezahlt werden, es sei denn, dass die Vollziehung des Bescheids ausgesetzt oder Stundung gewährt worden ist.

Zahlung und Folgen verspäteter Zahlung
Bitte leisten Sie alle Zahlungen unbar auf das angegebene Konto des Finanzamts. Vergessen Sie dabei bitte nicht, als Verwendungszweck die Steuernummer und Abgabenart anzugeben, für die Sie die Zahlung entrichten.

Wenn Sie die Steuer nicht bis zum Ablauf des Fälligkeitstages zahlen, ist für jeden angefangenen Monat der Säumnis ein Säumniszuschlag von 1 % des auf volle 50 € abgerundeten rückständigen Steuerbetrags zu entrichten.

Bei Überweisung oder Einzahlung auf ein Konto des Finanzamts gilt die Zahlung an dem Tag als wirksam geleistet, an dem der Betrag dem Finanzamt gutgeschrieben wird.

weitere Informationen   Öffnungszeiten: mo, mi, fr: 8-12

Buchung zu Beleg 9: Grunderwerbsteuer

Grundbuch

Datum/Nr.	Geschäftsfall	Konto Soll	Konto Haben	Betrag Euro	Betrag Euro
07.07.	Finanzamt Stormarn für Grunderw.-Steuer	Unbeb. Grundst.		5.850,00	
			HAMBA		5.850,00

T-Konten

S	Unbeb. Grundst.	H
5.850,00		

S	HAMBA	H
		5.850,00

DATEV-Buchungsliste (SKR 03)

Soll	Haben	B	USt	K	Gegen-konto-Nr.	Beleg-Nr.	Beleg-Datum	Konto-Nr.	Text	Skonto
	5.850,00				0065		07.07.	1200		

DATEV-Buchungsliste (SKR 04)

Soll	Haben	B	USt	K	Gegen-konto-Nr.	Beleg-Nr.	Beleg-Datum	Konto-Nr.	Text	Skonto
	5.850,00				0215		07.07.	1800		

MERKE

INTER-FASHION hat zur Erweiterung seines Firmengeländes ein neben dem alten Firmengelände gelegenes Grundstück erworben. Die zu zahlende Grunderwerbsteuer erhöht die Anschaffungskosten des Grundstücks.

6. Personalaufwendungen

Beleg 1: Gehaltsabrechnung

a) Wie lautet die Buchung für die Gehaltsabrechnung Januar?

b) Warum wird bei DATEV ein Lohn- und Gehalts-Verrechnungskonto benötigt?

Gehaltsabrechnung Monat Januar 20..				
Name, Vorname	**Flott, Katrin**			
Berufliche Tätigkeit	Büroangestellte			
Wohnort	21465 Reinbek			
Straße	Hamburger Straße 149			
Geburtsdatum	05.05.2000			
Familienstand	ledig			
Zahl der Kinder	0			
Religion	ev.			
Krankenversicherung	Techniker			
Finanzamt	Stormarn, Bad Oldesloe			
Identifikationsnummer	83 568 218 075			
Steuernummer	30/128/02322			
Steuerklasse	I/0			
Bruttoarbeitslohn				**2.500,00 €**
einbehaltene Steuern:				
einbehaltene Lohnsteuer		276,08 €		
einbehaltener Solidaritätszuschlag				
einbehaltene Kirchensteuer	9 %	24,84 €		
insgesamt			**300,92 €**	
einbehaltene Sozialversicherungsbeiträge:				
Rentenversicherung	9,30 %	232,50 €		
Arbeitslosenversicherung	1,20 %	30,00 €		
Pflegeversicherung	1,525 %	38,13 €		
Krankenversicherung	7,30 %	182,50 €		
KV-Zusatzbeitrag	0,60 %	15,00 €		
insgesamt			**498,13 €**	
Abzüge insgesamt				**-799,05 €**
Nettogehalt				**1.700,95 €**
weitere Einbehaltungen:				**0,00 €**
Nettogehalt = Auszahlung				**1.700,95 €**

Nebenrechnung: Gesetzliche soziale Aufwendungen Arbeitgeber

Anteil Sozialversicherungsbeiträge		498,13 €
Umlage 1	2,20 %	55,00 €
Umlage 2	0,55 %	13,75 €
Umlage 3	0,12 %	3,00 €
insgesamt		**569,88 €**

Buchung zu Beleg 1: Gehaltsabrechnung

Grundbuch

Datum/Nr.	Geschäftsfall	Konto Soll	Konto Haben	Betrag Euro	Betrag Euro
(1)	Gehaltsabrechnung Flott	Gehälter		2.500,00	
		Gesetzl. Soz. Aufw.		569,88	
			Verrechn.-Kto.		3.069,88
(2)		Verrechn.-Kto.		3.069,88	
			Verb. Gehälter		1.700,95
			Verb. LSt., KiSt.		300,92
			Verb. Krankenv.		1.068,01

T-Konten

S	Gehälter		H
(1)	2.500,00		

S	Gesetzl. soz. Aufw.		H
(1)	569,88		

S	Verrechn.-Kto.		H
(2)	3.069,88	(1)	3.069,88

S	Verb. Gehälter		H
		(2)	1.700,95

S	Verb. LSt., KiSt.		H
		(2)	300,92

S	Verb. Krankenv.		H
		(2)	1.068,01

DATEV-Buchungsliste (SKR 03)

Soll	Haben	B	USt	K	Gegen-konto-Nr.	Beleg-Nr.	Beleg-Datum	Konto-Nr.	Text	Skonto
	2500,00				4120	1	31.01.	1755		
	569,88				4130					
1.700,95					1740					
300,92					1741					
1.068,01					1742					

DATEV-Buchungsliste (SKR 04)

Soll	Haben	B	USt	B	Gegen-konto-Nr.	Beleg-Nr.	Beleg-Datum	Konto-Nr.	Text	Skonto
	2500,00				6020	1	31.01.	3790		
	569,88				6110					
1.700,95					3720					
300,92					3730					
1.068,01					3740					

MERKE

Das Verrechnungskonto ist grundsätzlich zwar nicht erforderlich, schafft aber mehr Übersichtlichkeit.

Werden die Löhne und Gehälter ebenfalls mit DATEV berechnet, können die Lohnbuchungen automatisch vom Lohnprogramm in das Rechnungswesenprogramm übernommen werden.

Beleg 2: Überweisung der Sozialversicherungsbeiträge

Wie ist zu buchen?

Kontoauszug	**Hamburger Bank, IBAN: DE17 2005 0550 1251 1234 00**			
Kontonummer	Kontobezeichnung		Vortrag vom	Auszug Nr.
1251/123400	INTER-FASHION Bekleidungsgroßhandel		26.01.20..	20
			Saldovortrag	6.897,00 €
Buchungstag	Wertstellung	Erläuterungen	Belastungen/Gutschriften	
27. Jan	27.01.	Techniker KV, Vorauszahlung	1.068,01 €	
		Soz.-Versicherung		
		Monat Januar Katrin Flott		
		Auszug vom: 27. Jan	Neuer Saldo	
		Ihr Dispo: 100.000,00 €		5.918,99 €

Beleg 3: Überweisung der Gehälter

Wie lautet die Buchung?

Kontoauszug	**Hamburger Bank, IBAN: DE17 2005 0550 1251 1234 00**			
Kontonummer	Kontobezeichnung		Vortrag vom	Auszug Nr.
1251/123400	INTER-FASHION Bekleidungsgroßhandel		30.01.20..	22
			Saldovortrag	3.517,00 €
Buchungstag	Wertstellung	Erläuterungen	Belastungen/Gutschriften	
31. Jan	31.01.	Übw. Katrin Flott	1.700,95 €	
		Monat Januar 20..		
		Auszug vom: 31. Jan	Neuer Saldo	
		Ihr Dispo: 100.000,00 €		1.816,05 €

Buchung zu Beleg 2: Überweisung der Sozialversicherungsbeiträge

Grundbuch

Datum/Nr.	Geschäftsfall	Konto Soll	Konto Haben	Betrag Euro	Betrag Euro
27.01.	Vorauszahlg. Soz.-Vers.-Beiträge an die Techniker für Katrin Flott, 01/20..	Verbindl. Krankenv.		1.068,01	
			HAMBA		1.068,01

T-Konten

S	Verb. Krankenvers.	H
1.068,01		

S	HAMBA	H
		1.068,01

DATEV-Buchungsliste (SKR 03)

Soll	Haben	B	USt	K	Gegen-konto-Nr.	Beleg-Nr.	Beleg-Datum	Konto-Nr.	Text	Skonto
	1.068,01				1742		27.01.	1200		

DATEV-Buchungsliste (SKR 04)

Soll	Haben	B	USt	K	Gegen-konto-Nr.	Beleg-Nr.	Beleg-Datum	Konto-Nr.	Text	Skonto
	1.068,01				3740		27.01.	1800		

Buchung zu Beleg 3: Überweisung der Gehälter

Grundbuch

Datum/Nr.	Geschäftsfall	Konto Soll	Konto Haben	Betrag Euro	Betrag Euro
31.01.	Übw. Gehalt Katrin Flott für Januar 20..	Verbindl. Gehälter		1.700,95	
			HAMBA		1.700,95

T-Konten

S	Verb. Gehälter	H
1.700,95		

S	HAMBA	H
		1.700,95

DATEV-Buchungsliste (SKR 03)

Soll	Haben	B	USt	K	Gegen-konto-Nr.	Beleg-Nr.	Beleg-Datum	Konto-Nr.	Text	Skonto
	1.700,95				1740		31.01.	1200		

DATEV-Buchungsliste (SKR 04)

Soll	Haben	B	USt	K	Gegen-konto-Nr.	Beleg-Nr.	Beleg-Datum	Konto-Nr.	Text	Skonto
	1.700,41				3720		31.01.	1800		

Beleg 4: Überweisung der Lohn- und Kirchensteuer

Wie lautet die Buchung?

Kontoauszug	**Hamburger Bank, IBAN: DE17 2005 0550 1251 1234 00**			
Kontonummer	Kontobezeichnung		Vortrag vom	Auszug Nr.
1251/123400	INTER-FASHION Bekleidungsgroßhandel		09.02.20..	25
			Saldovortrag	17.451,00 €
Buchungstag	Wertstellung	Erläuterungen	Belastungen/Gutschriften	
10. Feb	10.02.	Finanzamt Stormarn	300,92 €	
		Lohnsteuer Januar 20..		
		St.-Nr. 1234/567890		
		Auszug vom: 10. Jan	Neuer Saldo	
		Ihr Dispo: 100.000,00 €		17.150,08 €

Zeile				
1	**Protokoll elektronische Lohnsteueranmeldung 20..**			
2				
3	12 345 67 89 0	30		
4		Eingangsstempel oder -datum		
5	Finanzamt Stormarn			
6	Berliner Ring 25	**Lohnsteuer-Anmeldung 20..**		
7	23843 Bad Oldesloe			
9		Anmeldungszeitraum		
10	Arbeitgeber - Anschrift der Betriebsstätte -Telefon - E-Mail	Januar 20..		
11	INTER-FASHION			
12	Postfach 11 06			
13	21451 Reinbek	Berichtigte Anmeldung:	**10**	
14	Telefon: 040/ 72 78 337	Zahl der beschäftigten Arbeitnehmer:	**86**	1

Zeile			Euro	Ct
15	E-Mail: www.if-reinbek.de			
16	Summe der einbehaltenen Lohnsteuer	**42**	276	08
17	Summe der pauschalen Lohnsteuer	**41**		
18	Summe der pauschalen Lohnsteuer nach § 37b EStG	**44**		
19	abzüglich an Arbeitnehmer ausgezahltes Kindergeld	**43**		
20	abzüglich Kürzungsbeitrag für Besatzungsmitglieder von Handelsschiffen	**33**		
21	Verbleiben	**48**	276	08
22	Solidaritätszuschlag	**49**		
23	pauschale Kirchensteuer im vereinfachten Verfahren	**47**		
24	Evangelische Kirchensteuer	**61**	24	84
25	Römisch-katholische Kirchensteuer	**62**		
26	Jüdische Kirchensteuer	**64**		
27	Altkatholische Kirchensteuer	**63**		
28				
29				
30				
31	Gesamtbetrag	**83**	300	92
32	Verrechnung des Erstattungsbetrages erwünscht	**29**		
33				
34	Die Einzugsermächtigung wird ausnahmsweise für diesen Anmeldungszeitraum widerrufen.	**26**		
35				
36	Ich versichere, die Angaben in dieser Steuererklärung wahrheitsgemäß nach bestem Wissen und Gewissen gemacht zu haben.			
37	08. Febr. 20.. Münster Datum, Unterschrift			
38	**Vom Finanzamt auszufüllen**			
39	**Bearbeitungshinweis**			
40	1. Die aufgeführten Daten sind mit Hilfe des geprüften und genehmigten Programms sowie ggf. unter Berücksichtigung der gespeicherten Daten maschinell zu verarbeiten.	**11**	**19**	
41	2. Die weitere Bearbeitung richtet sich nach den Ergebnissen der maschinellen Verarbeitung.		**12**	
42		Kontrollzahl und/oder Datenverarbeitungsvermerk		
43	Datum, Namenszug/Unterschrift			

Buchung zu Beleg 4: Überweisung der Lohn- und Kirchensteuer

Grundbuch

Datum/Nr.	Geschäftsfall	Konto Soll	Konto Haben	Betrag Euro	Betrag Euro
10.02.	Übw. Finanzamt für Lohnsteuer Januar 20..	Verbindl. LSt., KiSt.		300,92	
			HAMBA		300,92

T-Konten

S	Verb. Lohn- u. Ki-St.	H
300,92		

S	HAMBA	H
		300,92

DATEV-Buchungsliste (SKR 03)

Soll	Haben	B	USt	K	Gegen-konto-Nr.	Beleg-Nr.	Beleg-Datum	Konto-Nr.	Text	Skonto
	300,92				1741		10.02.	1200		

DATEV-Buchungsliste (SKR 04)

Soll	Haben	B	USt	K	Gegen-konto-Nr.	Beleg-Nr.	Beleg-Datum	Konto-Nr.	Text	Skonto
	300,92				3730		10.02.	1800		

Beleg 5: Vorschuss

Wie lautet die Buchung?

Kontoauszug	Hamburger Bank, IBAN: DE17 2005 0550 1251 1234 00			
Kontonummer	Kontobezeichnung		Vortrag vom	Auszug Nr.
1251/123400	INTER-FASHION Bekleidungsgroßhandel		19.02.20..	29
			Saldovortrag	16.300,00 €
Buchungstag	Wertstellung	Erläuterungen	Belastungen/Gutschriften	
20. Febr.	20.02.	Überweisung	500,00 €	
		Katrin Flott		
		Vorschuss Februar		
		Auszug vom: 20. Febr	Neuer Saldo	
		Ihr Dispo: 100.000,00 €		15.800,00 €

Beleg 6: Berufsgenossenschaft

Wie lautet die Buchung?

Kontoauszug	Hamburger Bank, IBAN: DE17 2005 0550 1251 1234 00			
Kontonummer	Kontobezeichnung		Vortrag vom	Auszug Nr.
1251/123400	INTER-FASHION Bekleidungsgroßhandel		25.02.20..	33
			Saldovortrag	7.856,00 €
Buchungstag	Wertstellung	Erläuterungen	Belastungen/Gutschriften	
26. Febr.	26.02.	Überweisung	1.500,00 €	
		Vorauszahlung		
		Berufsgenossenschaft		
		Auszug vom: 26. Febr	Neuer Saldo	
		Ihr Dispo: 100.000,00 €		6.356,00 €

Buchung zu Beleg 5: Vorschuss

Grundbuch

Datum/Nr.	Geschäftsfall	Konto Soll	Konto Haben	Betrag €	Betrag €
20.02.	Überweisung HAMBA Vorschuss Flott für Februar	Vorschüsse		500,00	
			HAMBA		500,00

T-Konten

S	Vorschüsse	H
500,00		

S	HAMBA	H
		500,00

DATEV-Buchungsliste (SKR 03)

Soll	Haben	B	USt	K	Gegen-konto-Nr.	Beleg-Nr.	Beleg-Datum	Konto-Nr.	Text	Skonto
	500,00				1530	29	20.02.	1200		

DATEV-Buchungsliste (SKR 04)

Soll	Haben	B	USt	K	Gegen-konto-Nr.	Beleg-Nr.	Beleg-Datum	Konto-Nr.	Text	Skonto
	500,00				1340	29	20.02.	1800		

Buchung zu Beleg 6: Berufsgenossenschaft

Grundbuch

Datum/Nr.	Geschäftsfall	Konto Soll	Konto Haben	Betrag €	Betrag €
26.02.	Überweisung HAMBA Vorauszahlung Berufsgenossenschaft	Berufsgenossenschaft		1.500,00	
			HAMBA		1.500,00

T-Konten

S	Berufsgenossenschaft	H
1.500,00		

S	HAMBA	H
		1.500,00

DATEV-Buchungsliste (SKR 03)

Soll	Haben	B	USt	K	Gegen-konto-Nr.	Beleg-Nr.	Beleg-Datum	Konto-Nr.	Text	Skonto
	1.500,00				4138	33	26.02.	1200		

DATEV-Buchungsliste (SKR 04)

Soll	Haben	B	USt	K	Gegen-konto-Nr.	Beleg-Nr.	Beleg-Datum	Konto-Nr.	Text	Skonto
	1.500,00				6120	33	26.02.	1800		

Beleg 7: Gehaltsabrechnung mit Vorschussverrechnung

Wie lautet die Buchung für die Gehaltsabrechnung Februar?

Gehaltsabrechnung Monat Februar 20..				
Name, Vorname	**Flott, Katrin**			
Berufliche Tätigkeit	Büroangestellte			
Wohnort	21465 Reinbek			
Straße	Hamburger Straße 149			
Geburtsdatum	05.05.2000			
Familienstand	ledig			
Zahl der Kinder	0			
Religion	ev.			
Krankenversicherung	Techniker			
Finanzamt	Stormarn, Bad Oldesloe			
Identifikationsnummer	83 568 218 075			
Steuernummer	30/128/02322			
Steuerklasse	I/0			
Bruttoarbeitslohn				**2.500,00 €**
einbehaltene Steuern:				
einbehaltene Lohnsteuer		276,08 €		
einbehaltener Solidaritätszuschlag				
einbehaltene Kirchensteuer	9 %	24,84 €		
insgesamt			**300,92 €**	
einbehaltene Sozialversicherungsbeiträge:				
Rentenversicherung	9,30 %	232,50 €		
Arbeitslosenversicherung	1,20 %	30,00 €		
Pflegeversicherung	1,525 %	38,13 €		
Krankenversicherung	7,30 %	182,50 €		
KV-Zusatzbeitrag	0,60 %	15,00 €		
insgesamt			**498,13 €**	
Abzüge insgesamt				**-799,05 €**
Nettogehalt				**1.700,95 €**
weitere Einbehaltungen: Verrechnung Vorschuss				**-500,00 €**
Nettogehalt = Auszahlung				**1.200,95 €**

Nebenrechnung: Gesetzliche soziale Aufwendungen Arbeitgeber

Anteil Sozialversicherungsbeiträge		498,13 €
Umlage 1	2,20 %	55,00 €
Umlage 2	0,55 %	13,75 €
Umlage 3	0,12 %	3,00 €
insgesamt		**569,88 €**

Buchung zu Beleg 7: Gehaltsabrechnung mit Vorschussverrechnung

Grundbuch

Datum/Nr.	Geschäftsfall	Konto Soll	Konto Haben	Betrag Euro	Betrag Euro
(1)	Gehaltsabrechnung Flott	Gehälter		2.500,00	
		Gesetzl. Soz. Aufw.		569,88	
			Verrechn.-Kto.		3.069,88
(2)		Verrechn.-Kto.		3.069,88	
			Verb. Gehälter		1.200,95
			Verb. LSt., KiSt.		300,92
			Verb. Krankenv.		1.068,01
			Vorschüsse		500,00

T-Konten

S	Gehälter		H
(1)	2.500,00		

S	Gesetzl. soz. Aufw.		H
(1)	569,88		

S	Verrechn.-Kto.		H
(2)	3.069,88	(1)	3.069,88

S	Verb. Gehälter		H
		(2)	1.200,95

S	Verb. LSt., KiSt.		H
		(2)	300,92

S	Verb. Krankenv.		H
		(2)	1.068,01

S	Vorschüsse		H
		(2)	500,00

DATEV-Buchungsliste (SKR 03)

Soll	Haben	B	USt	K	Gegen-konto-Nr.	Beleg-Nr.	Beleg-Datum	Konto-Nr.	Text	Skonto
	2500,00				4120		28.02.	1755		
	569,88				4130					
1.700,95					1740					
300,92					1741					
1.068,01					1742					
500,00					1530					

DATEV-Buchungsliste (SKR 04)

Soll	Haben	B	USt	K	Gegen-konto-Nr.	Beleg-Nr.	Beleg-Datum	Konto-Nr.	Text	Skonto
	2500,00				6020		28.02.	3790		
	569,88				6110					
1.700,95					3720					
300,92					3730					
1.068,01					3740					
500,00					1340					

Beleg 8: Gehaltsabrechnung mit abzuführenden vermögenswirksamen Leistungen

Wie lautet die Buchung für die Gehaltsabrechnung März?

Gehaltsabrechnung Monat März 20..				
Name, Vorname	**Flott, Katrin**			
Berufliche Tätigkeit	Büroangestellte			
Wohnort	21465 Reinbek			
Straße	Hamburger Straße 149			
Geburtsdatum	05.05.2000			
Familienstand	ledig			
Zahl der Kinder	0			
Religion	ev.			
Krankenversicherung	Techniker			
Finanzamt	Stormarn, Bad Oldesloe			
Identifikationsnummer	83 568 218 075			
Steuernummer	30/128/02322			
Steuerklasse	I/0			
Bruttoarbeitslohn				**2.500,00 €**
einbehaltene Steuern:				
einbehaltene Lohnsteuer		276,08 €		
einbehaltener Solidaritätszuschlag				
einbehaltene Kirchensteuer	9 %	24,84 €		
insgesamt			**300,92 €**	
einbehaltene Sozialversicherungsbeiträge:				
Rentenversicherung	9,30 %	232,50 €		
Arbeitslosenversicherung	1,20 %	30,00 €		
Pflegeversicherung	1,525 %	38,13 €		
Krankenversicherung	7,30 %	182,50 €		
KV-Zusatzbeitrag	0,60 %	15,00 €		
insgesamt			**498,13 €**	
Abzüge insgesamt				**-799,05 €**
Nettogehalt				**1.700,95 €**
weitere Einbehaltungen: vermw. Anl. Bausparkasse				**-42,67 €**
Nettogehalt = Auszahlung				**1.658,28 €**

Nebenrechnung: Gesetzliche soziale Aufwendungen Arbeitgeber

Anteil Sozialversicherungsbeiträge		498,13 €
Umlage 1	2,20 %	55,00 €
Umlage 2	0,55 %	13,75 €
Umlage 3	0,12 %	3,00 €
insgesamt		**569,88 €**

Buchung zu Beleg 8: Gehaltsabrechnung mit abzuführenden vermögenswirksamen Leistungen

Grundbuch

Datum/Nr.	Geschäftsfall	Konto Soll	Konto Haben	Betrag Euro	Betrag Euro
(1)	Gehaltsabrechnung Flott	Gehälter		2.500,00	
		Gesetzl. Soz. Aufw.		569,88	
			Verrechn.-Kto.		3.069,88
(2)		Verrechn.-Kto.		3.069,88	
			Verb. Gehälter		1.658,28
			Verb. LSt., KiSt.		300,92
			Verb. Krankenv.		1.068,01
			Verbindl. vwL.		42,67

T-Konten

S	Gehälter		H
(1)	2.500,00		

S	Gesetzl. soz. Aufw.		H
(1)	569,88		

S	Verrechn.-Kto.		H
(2)	3.069,88	(1)	3.069,88

S	Verb. Gehälter		H
		(2)	1.658,28

S	Verb. LSt., KiSt.		H
		(2)	300,92

S	Verb. Krankenv.		H
		(2)	1.068,01

S	Verbindl. vwL		H
		(2)	42,67

DATEV-Buchungsliste (SKR 03)

Soll	Haben	B	USt	K	Gegen-konto-Nr.	Beleg-Nr.	Beleg-Datum	Konto-Nr.	Text	Skonto
	2500,00				4120		31.03.	1755		
	569,88				4130					
1.658,28					1740					
300,92					1741					
1.068,01					1742					
42,67					1750					

DATEV-Buchungsliste (SKR 04)

Soll	Haben	B	USt	K	Gegen-konto-Nr.	Beleg-Nr.	Beleg-Datum	Konto-Nr.	Text	Skonto
	2500,00				6020		31.03.	3790		
	569,88				6110					
1.658,28					3720					
300,92					3730					
1.068,01					3740					
42,67					3770					

Beleg 9: Gehaltsabrechnung mit gewährten vermögenswirksamen Leistungen

Wie lautet die Buchung für die Gehaltsabrechnung April?

Gehaltsabrechnung Monat April 20..				
Name, Vorname	**Flott, Katrin**			
Berufliche Tätigkeit	Büroangestellte			
Wohnort	21465 Reinbek			
Straße	Hamburger Straße 149			
Geburtsdatum	05.05.2000			
Familienstand	ledig			
Zahl der Kinder	0			
Religion	ev.			
Krankenversicherung	Techniker			
Finanzamt	Stormarn, Bad Oldesloe			
Identifikationsnummer	83 568 218 075			
Steuernummer	30/128/02322			
Steuerklasse	I/0			
Bruttoarbeitslohn				**2.500,00 €**
vermögenswirksame Leistung		276,08 €		20,00 €
Bruttoarbeitslohn insgesamt				**2.520,00 €**
einbehaltene Steuern:				
einbehaltene Lohnsteuer		280,66 €		
einbehaltener Solidaritätszuschlag				
einbehaltene Kirchensteuer	9 %	25,25 €		
insgesamt			**305,91 €**	
einbehaltene Sozialversicherungsbeiträge:				
Rentenversicherung	9,30 %	234,36 €		
Arbeitslosenversicherung	1,20 %	30,24 €		
Pflegeversicherung	1,525 %	38,43 €		
Krankenversicherung	7,30 %	183,96 €		
KV-Zusatzbeitrag	0,60 %	15,12 €		
insgesamt			**502,11 €**	
Abzüge insgesamt				**-808,02 €**
Nettogehalt				**1.711,98 €**
weitere Einbehaltungen: vermw. Anl. Bausparkasse				**-42,67 €**
Nettogehalt = Auszahlung				**1.669,31 €**

Nebenrechnung: Gesetzliche soziale Aufwendungen Arbeitgeber

Anteil Sozialversicherungsbeiträge		502,11 €
Umlage 1	2,20 %	55,44 €
Umlage 2	0,55 %	13,86 €
Umlage 3	0,12 %	3,02 €
insgesamt		**574,43 €**

Buchung zu Beleg 9: Gehaltsabrechnung mit gewährten vermögenswirksamen Leistungen

Grundbuch

Datum/Nr.	Geschäftsfall	Konto Soll	Konto Haben	Betrag Euro	Betrag Euro
(1)	Gehaltsabrechnung Flott	Gehälter		2.500,00	
		Gesetzl. Soz. Aufw.		574,43	
		Vermögensw. Leistg.		20,00	
			Verrechn.-Kto.		3.094,43
(2)		Verrechn.-Kto.		3.094,43	
			Verb. Gehälter		1.669,31
			Verb. LSt., KiSt.		305,91
			Verb. Krankenv.		1.076,54
			Verbindl. vwL.		42,67

T-Konten

S	Gehälter		H
(1)	2.520,00		

S	Gesetzl. soz. Aufw.		H
(1)	574,43		

S	Vermögensw. Leistg.		H
(1)	20,00		

S	Verrechnungskonto		H
(2)	3.094,43	(1)	3.094,43

S	Verb. Gehälter		H
		(2)	1.669,31

S	Verb. LSt. KiSt.		H
		(2)	305,91

S	Verb. Krankenvers.		H
		(2)	1.076,54

S	Verbindl. vwL.		H
		(2)	42,67

DATEV-Buchungsliste (SKR 03)

Soll	Haben	B	USt	K	Gegen-konto-Nr.	Beleg-Nr.	Beleg-Datum	Konto-Nr.	Text	Skonto
	2520,00				4120		30.04.	1755		
	574,43				4130					
	20,00				4170					
1.669,31					1740					
305,91					1741					
1.076,54					1742					
42,67					1750					

DATEV-Buchungsliste (SKR 04)

Soll	Haben	B	USt	K	Gegen-konto-Nr.	Beleg-Nr.	Beleg-Datum	Konto-Nr.	Text	Skonto
	2520,00				6020		30.04.	3790		
	574,43				6110					
	20,00				6080					
1.669,31					3720					
305,91					3730					
1.076,54					3740					
42,67					3770					

Beleg 10: Sammelgehaltsabrechnung

Wie lautet die Buchung für die Gehaltsabrechnung Mai?

Sammelgehaltsabrechnung für den Monat Mai 20..

Nr.	Name	Vorname	Geb.-Datum	Steuer-klasse	BAL €	vw. Leistg. €	Gesamt-brutto €	Lohn-steuer €	Kirchen-steuer €	KV 7,30 % €	zus. KV 0,60 % €	RV 9,30 % €	AL 1,20 % €	PV 1,525 % €	Netto €	abzuf. vwL. €	Auszah-lung €
1	Flott	Katrin	05.05.2000	I	2.500,00	20,00	2.520,00	280,66	25,25	183,96	15,12	234,36	30,24	38,43	1.711,98	42,67	1.669,31
2	Müller	Karin	04.12.95	IV/1	3.000,00	20,00	3.020,00	400,75	0,00	220,46	18,12	280,86	36,24	46,06	2.017,51	40,00	1.977,51
3	Nase	Felix	11.11.82	III/1	3.500,00	20,00	3.520,00	251,00	7,88	256,96	21,12	327,36	42,24	53,68	2.559,76	40,00	2.519,76
Summen					9.000,00	60,00	9.060,00	932,41	33,13	661,38	54,36	842,58	108,72	138,17	6.289,25	122,67	6.166,58
Arbeitgeberanteil										661,38	54,36	842,58	108,72	138,17			
Insgesamt										1.322,76	108,72	1.685,16	217,44	276,33			

Zusammenstellung

Verbindlichkeiten Finanzamt	
Lohnsteuer	932,41
Solidaritätszuschlag	0,00
Kirchensteuer	33,13
insgesamt	**965,54**

Verbindlichkeiten Krankenkasse		AN	AG	Gesamt
Krankenversicherung		661,38	661,38	
KV Zusatzbeitrag		54,36	54,36	
Rentenversicherung		842,58	842,58	
Arbeitslosenversicherung		108,72	108,72	
Pflegeversicherung		138,17	138,17	
Umlage 1:	2,20 %		199,32	
Umlage 2:	0,55 %		49,83	
Umlage 3:	0,12 %		10,87	
insgesamt		1.805,21	2.065,23	3.870,44

Buchung zu Beleg 10: Sammelgehaltsabrechnung

Grundbuch

Datum/Nr.	Geschäftsfall	Konto Soll	Konto Haben	Betrag Euro	Betrag Euro
(1)	Gehaltsabrechnung Mai	Gehälter		9.000,00	
		Vermögensw. Leistg.		60,00	
		Gesetzl. Soz. Aufw.		2.065,23	
			Verrechn.-Kto.		11.125,23
(2)		Verrechn.-Kto.		11.125,23	
			Verb. Gehälter		6.166,58
			Verb. LSt., KiSt.		965,54
			Verb. Krankenv.		3.870,44
			Verbindl. vwL.		122,67

T-Konten

S	Gehälter		H
(1)	9.000,00		

S	Vermögensw. Leistg.		H
(1)	60,00		

S	Gesetzl. soz. Aufw.		H
(1)	2.065,23		

S	Verrechnungskonto		H
(2)	11.125,23	(1)	11.125,23

S	Verb. Gehälter		H
		(2)	6.166,58

S	Verb. LSt. KiSt.		H
		(2)	965,54

S	Verb. Krankenvers.		H
		(2)	3.870,44

S	Verbindl. vwL.		H
		(2)	122,67

DATEV-Buchungsliste (SKR 03)

Soll	Haben	B	USt	K	Gegen-konto-Nr.	Beleg-Nr.	Beleg-Datum	Konto-Nr.	Text	Skonto
	9.000,00				4120		31.05.	1755		
	2.065,23				4130					
	60,00				4170					
6.166,58					1740					
965,54					1741					
3.870,44					1742					
122,67					1750					

DATEV-Buchungsliste (SKR 04)

Soll	Haben	B	USt	K	Gegen-konto-Nr.	Beleg-Nr.	Beleg-Datum	Konto-Nr.	Text	Skonto
	9.000,00				6020		31.05.	3790		
	2.065,23				6110					
	60,00				6080					
6.166,58					3720					
965,54					3730					
3.870,44					3740					
122,67					3770					

Beleg 11: Abrechnung Aushilfe/Minijob

Wie lautet die Buchung?

Abrechnung geringfügig Beschäftigter Monat Juli 20..	
Name, Vorname	**Knut Müller**
Beruf	Bäcker
Wohnort	21465 Reinbek
Straße	Billeweg 98
Geburtsdatum	31.01.1986
Familienstand	verheiratet
Zahl der Kinder	2
Religion	ev.
Krankenversicherung	Techniker
Finanzamt	Stormarn, Bad Oldesloe
Identifikationsnummer	49 568 218 377
Steuernummer	30/128/25896
Lohnsteuerkarte vorgelegt:	nein
beschäftigt als:	Lagerarbeiter, Fahrer

Stundenlohn		12,00 €
Zahl der geleisteten Stunden		37,5
Höhe des Arbeitslohns		**450,00 €**

Berechnung der Abgaben

Prozentsätze	**Beitragsgruppen**	**Abzuführende Beträge**	**Beiträge**
13,0 %	6000	zur Krankenversicherung	58,50 €
18,6 %	0100	voller Beitrag zur Rentenversicherung	0,00 €
15,0 %	0500	zur Rentenversicherung	67,50 €
1,00 %	U 1	Umlage 1 (U1)	4,50 €
0,39 %	U 2	Umlage 2 (U2)	1,76 €
0,12 %	INSO	Insolvenzgeldumlage (U 3)	0,54 €
2,00 %	ST	einheitliche Pauschsteuer	9,00 €
		zu zahlender Gesamtbetrag	**141,80 €**

Buchung zu Beleg 11: Abrechnung Aushilfe/Minijob

Grundbuch

Datum/Nr.	Geschäftsfall	Konto Soll	Konto Haben	Betrag Euro	Betrag Euro
28.07.	Aushilfe Knut Müller Monat Juli	Löhne für Minijobs		450,00	
		Pauschale Steuer		9,00	
		Soziale Abgaben		132,80	
			Verrechn.-Kto.		591,80
		Verrechn.-Kto.		591,80	
			Verb. a. Lohn		450,00
			Voraussichtl. Beitragsschuld		141,80

T-Konten

S	Löhne f. Minijobs	H
(1)	450,00	

S	Pauschsteuer	H
	9,00	

S	Soz. Abg. f. Minijobber	H
	132,80	

S	Lohn-Verr.-Konto	H
(2)	591,80	591,80

S	Verb. Lohn u. Gehalt	H
		450,00

S	Vor. Beitr. Schuld SV.	H
		141,80

DATEV-Buchungsliste (SKR 03)

Soll	Haben	B	USt	K	Gegen-konto-Nr.	Beleg-Nr.	Beleg-Datum	Konto-Nr.	Text	Skonto
	450,00				4195		28.07.	1755		
	9,00				4194					
	132,80				4144					
450,00					1740					
141,80					1759					

DATEV-Buchungsliste (SKR 04)

Soll	Haben	B	USt	K	Gegen-konto-Nr.	Beleg-Nr.	Beleg-Datum	Konto-Nr.	Text	Skonto
	450,00				6035		28.07.	3790		
	9,00				6036					
	132,80				6171					
450,00					3720					
141,80					3759					

MERKE

Die Pauschsteuer in Höhe von 2 % wird an die Minijob-Zentrale abgeführt. Die Pauschsteuer kann auf den Arbeitnehmer abgewälzt und vom Auszahlungsbetrag abgezogen werden. Der Minijobber könnte aber auch für den Minijob eine Lohnsteuerkarte abgeben, dann würde die Pauschsteuer entfallen und die Lohnsteuer nach den individuellen Merkmalen des Minijobbers berechnet. Sofern dann Lohnsteuer anfiele, müsste diese an das Finanzamt gemeldet und abgeführt werden.

Beleg 12: Überweisungen wg. Minijob

Wie lautet die Buchung?

Kontoauszug	**Hamburger Bank, IBAN: DE17 2005 0550 1251 1234 00**			
Kontonummer	Kontobezeichnung		Vortrag vom	Auszug Nr.
1251/123400	INTER-FASHION Bekleidungsgroßhandel		27.07.20..	139
			Saldovortrag	7.145,00 €
Buchungstag	Wertstellung	Erläuterungen	Belastungen/Gutschriften	
28. Jul	28.07.	Lastschrift Minijobzentrale	141,80 €	
		Beitragsvorauszahlung Juli 20..		
28. Jul	28.07.	Übw. Knut Müller, Monat Juli	450,00 €	
		Auszug vom: 28. Jul	Neuer Saldo	
		Ihr Dispo: 100.000,00 €		6.553,20 €

Beleg 13: Aufmerksamkeit für Personal

a) Wie lautet die Buchung bei Barzahlung?

b) Was ist bezüglich der Höhe der Aufmerksamkeit zu beachten?

Quittung

Netto €		Ct		
+ % MwSt €		Ct		Nr.
Gesamt €	30	Ct	00	

Gesamtbetrag € in Worten

fünfundzwanzig Cent wie oben

(im Gesamtbetrag sind *7* % Mehrwertsteuer enthalten.)

von

INTER-FASHION, Claudia Münster

für

1 Blumenstrauß Angestellte Frau Karin Müller zum Geburtstag

richtig erhalten zu haben bestätigt

Ort *Reinbek* Datum *04.12.20..*

Buchungsvermerke

Stempel/Unterschrift

Blumen-Heinrich
Telefon 040/738 11 12
21465 Reinbek, Bahnhofstraße 42
Heinrich

Buchung zu Beleg 12: Überweisungen wg. Minijob

Grundbuch

Datum/Nr.	Geschäftsfall	Konto Soll	Konto Haben	Betrag Euro	Betrag Euro
28.07.	Lastschr. Minijobzentrale	Voraus. Beitr.-Sch.		141,80	
			HAMBA		141,80
	Aushilfe Müller Juli	Verb. Lohn u. Gehalt		450,00	
			HAMBA		450,00

T-Konten

S	Vorauss. Beitr.-Sch.	H
(1) 141,80		

S	Verb. Lohn u. Gehalt	H
(2) 450,00		

S	HAMBA	H
		(1) 141,80
		(2) 450,00

DATEV-Buchungsliste (SKR 03)

Soll	Haben	B	USt	K	Gegen-konto-Nr.	Beleg-Nr.	Beleg-Datum	Konto-Nr.	Text	Skonto
	141,80				1759		28.07.	1200		
	450,00				1740					

DATEV-Buchungsliste (SKR 04)

Soll	Haben	B	USt	K	Gegen-konto-Nr.	Beleg-Nr.	Beleg-Datum	Konto-Nr.	Text	Skonto
	141,80				3759		28.07.	1800		
	450,00				3720					

Buchung zu Beleg 13: Aufmerksamkeit für Personal

a) **Grundbuch**

Datum/Nr.	Geschäftsfall	Konto Soll	Konto Haben	Betrag €	Betrag €
04.12.	Blumenstrauß für Angestellte Müller	Aufmerksamkeit		28,04	
		Vorsteuer		1,96	
			Kasse		30,00

T-Konten

S	Aufmerksamk.	H
28,04		

S	Vorsteuer	H
1,96		

S	Kasse	H
		30,00

DATEV-Buchungsliste (SKR 03)

Soll	Haben	B	USt	K	Gegen-konto-Nr.	Beleg-Nr.	Beleg-Datum	Konto-Nr.	Text	Skonto
	30,00		8	0	4653		04.12.	1000		

DATEV-Buchungsliste (S3KR 04)

Soll	Haben	B	USt	K	Gegen-konto-Nr.	Beleg-Nr.	Beleg-Datum	Konto-Nr.	Text	Skonto
	30,00		8	0.	6643		04.12.	1600		

b) Aufmerksamkeiten sind bis zu 40 € brutto steuer- und sozialversicherungsfrei. Die Freigrenze gilt je Arbeitnehmer und je Anlass. Sie kann also mehrfach pro Jahr ausgeschöpft werden, wenn beim Arbeitnehmer mehrere persönliche Anlässe vorliegen. Wird die Freigrenze pro Anlass überschritten, ist der gesamte Betrag lohnsteuer- und sozialversicherungspflichtig.

7. Finanzierung und Abwicklung von Zahlungsvorgängen

Beleg 1: Bareinzahlung von der Kasse auf die Bank

a) Wie lautet die Buchung?

b) Warum ist es sinnvoll, das Konto „Geldtransit“ zu verwenden?

Kassenbuch Monat Juni 20..

Lfd. Nr.	Datum	Text	Ein-zahlungen (+)	Aus-zahlungen (-)	Saldo	Gegen-Konto-Nr.
1	07.06.	Anfangsbestand			8.375,00 €	
2	07.06.	Einzahlung HAMBA		5.000,00 €	3.375,00 €	
3						
4						
5						
6						
7						

Buchung zu Beleg 1: Bareinzahlung von der Kasse auf die Bank

a) **Grundbuch**

Datum/Nr.	Geschäftsfall	Konto Soll	Konto Haben	Betrag €	Betrag €
07.06.	Bareinzahlung HAMBA	Geldtransit		5.000,00	
			Kasse		5.000,00

T-Konten

S	Geldtransit	H
5.000,00		

S	Kasse	H
		5.000,00

DATEV-Buchungsliste (SKR 03)

Soll	Haben	B	USt	K	Gegen-konto-Nr.	Beleg-Nr.	Beleg-Datum	Konto-Nr.	Text	Skonto
	5.000,00				1360		07.06.	1000		

DATEV-Buchungsliste (SKR 04)

Soll	Haben	B	USt	K	Gegen-konto-Nr.	Beleg-Nr.	Beleg-Datum	Konto-Nr.	Text	Skonto
	5.000,00				1460		07.06.	1600		

b) Das Konto Geldtransit dient dazu, Kasse und Bank jeweils bei der Eingabe der Buchungssätze abzustimmen. Bei sehr vielen Einzahlungen dient das Konto außerdem als Kontrolle dafür, ob auch alle Einzahlungen korrekt in den Kassenbericht eingetragen wurden. Unter Umständen dient das Konto auch als Abgrenzungskonto, wenn z. B. eine Bareinzahlung am 30.06. erfolgt, aber erst am 01.07. im Kontoauszug der Bank erscheint. Der Bankeingang wird dann im Rechnungskreis „Bank“ gebucht.

MERKE

Das Konto Geldtransit dient als Abstimmungskonto und ggf. auch als Abgrenzungskonto.

Beleg 2: Bankgutschrift Bareinzahlung

a) Wie lautet die Buchung?

b) Warum ist hier das Konto „Geldtransit" zu verwenden?

Kontoauszug	**Hamburger Bank, IBAN: DE17 2005 0550 1251 1234 00**			
Kontonummer	Kontobezeichnung		Vortrag vom	Auszug Nr.
1251/123400	INTER-FASHION Bekleidungsgroßhandel		05.06.20..	83
			Saldovortrag	1.307,00 €
Buchungstag	Wertstellung	Erläuterungen	Belastungen/Gutschriften	
08. Jun	07.06.	Bareinzahlung		5.000,00 €
		Auszug vom: 08. Jun	Neuer Saldo	
		Ihr Dispo: 100.000,00 €		6.307,00 €

Buchung zu Beleg 2: Bankgutschrift Bareinzahlung

a) **Grundbuch**

Datum/Nr.	Geschäftsfall	Konto Soll	Konto Haben	Betrag €	Betrag €
08.06.	Bareinzahlung HAMBA	HAMBA		5.000,00	
			Geldtransit		5.000,00

T-Konten

S	HAMBA	H
5.000,00		

S	Geldtransit	H
		5.000,00

DATEV-Buchungsliste (SKR 03)

Soll	Haben	B	USt	K	Gegen-konto-Nr.	Beleg-Nr.	Beleg-Datum	Konto-Nr.	Text	Skonto
5.000,00					1360		08.06.	1200		

DATEV-Buchungsliste (SKR 04)

Soll	Haben	B	USt	K	Gegen-konto-Nr.	Beleg-Nr.	Beleg-Datum	Konto-Nr.	Text	Skonto
5.000,00					1460		08.06.	1800		

b) Wenn in Rechnungs- bzw. Buchungskreisen gebucht wird, ist die Ausgabe im Kassenbuch bereits gebucht (vgl. dazu den vorigen Geschäftsfall). Bei der Buchung des Buchungskreises Bank ist sicherzustellen, dass das Konto „Geldtransit" ausgeglichen wird.

Beleg 3: Barabhebung von der Bank und Einlage in die Kasse

Wie lautet die Buchung?

Kassenbuch Monat August 20..

Lfd. Nr.	Datum	Text	Ein-zahlungen (+)	Aus-zahlungen (-)	Saldo	Gegen-Konto-Nr.
1	12.08.	Anfangsbestand			500,00 €	
2	12.08.	Abhebung HAMBA	2.000,00 €		2.500 €	
3						
4						
5						
6						
7						

Buchung zu Beleg 3: Barabhebung von der Bank und Einlage in die Kasse

Grundbuch

Datum/Nr.	Geschäftsfall	Konto Soll	Konto Haben	Betrag €	Betrag €
12.08.	Barabhebung HAMBA	Kasse		2.000,00	
			Geldtransit		2.000,00

T-Konten

S	Kasse	H
2.000,00		

S	Geldtransit	H
		2.000,00

DATEV-Buchungsliste (SKR 03)

Soll	Haben	B	USt	K	Gegen-konto-Nr.	Beleg-Nr.	Beleg-Datum	Konto-Nr.	Text	Skonto
2.000,00					1360		12.08.	1000		

DATEV-Buchungsliste (SKR 04)

Soll	Haben	B	USt	K	Gegen-konto-Nr.	Beleg-Nr.	Beleg-Datum	Konto-Nr.	Text	Skonto
2.000,00					1460		12.08.	1600		

Zur Verwendung des Kontos „Geldtransit“ vergleiche die Bemerkungen zur Bareinzahlung.

Beleg 4: Banklastschrift Barauszahlung

Wie lautet die Buchung?

Kontoauszug	**Hamburger Bank, IBAN: DE17 2005 0550 1251 1234 00**			
Kontonummer	Kontobezeichnung		Vortrag vom	Auszug Nr.
1251/123400	INTER-FASHION Bekleidungsgroßhandel		10.08.20..	110
			Saldovortrag	13.560,00 €
Buchungstag	Wertstellung	Erläuterungen	Belastungen/Gutschriften	
12. Aug	12.08.	Barauszahlung	2.000,00 €	
		Auszug vom: 12. Aug	Neuer Saldo	
		Ihr Dispo: 100.000,00 €		11.560,00 €

Beleg 5: Bankgutschrift Habenzinsen laufendes Konto

Wie lautet die Buchung?

Kontoauszug	**Hamburger Bank, IBAN: DE17 2005 0550 1251 1234 00**			
Kontonummer	Kontobezeichnung		Vortrag vom	Auszug Nr.
1251/123400	INTER-FASHION Bekleidungsgroßhandel		27.09.20..	135
			Saldovortrag	15.650,00 €
Buchungstag	Wertstellung	Erläuterungen	Belastungen/Gutschriften	
30. Sep	30.09.	Habenzinsen		48,70 €
		9/20..		
		Auszug vom: 30. Sep	Neuer Saldo	
		Ihr Dispo: 100.000,00 €		15.698,70 €

Buchung zu Beleg 4: Banklastschrift Barauszahlung

Grundbuch

Datum/Nr.	Geschäftsfall	Konto Soll	Konto Haben	Betrag €	Betrag €
12.08.	Barauszahlung HAMBA	Geldtransit		2.000,00	
			HAMBA		2.000,00

T-Konten

S	Geldtransit	H
2.000,00		

S	HAMBA	H
		2.000,00

DATEV-Buchungsliste (SKR 03)

Soll	Haben	B	USt	K	Gegen-konto-Nr.	Beleg-Nr.	Beleg-Datum	Konto-Nr.	Text	Skonto
	2.000,00				1360		12.08.	1200		

DATEV-Buchungsliste (SKR 04)

Soll	Haben	B	USt	K	Gegen-konto-Nr.	Beleg-Nr.	Beleg-Datum	Konto-Nr.	Text	Skonto
	2.000,00				1460		12.08.	1800		

Zur Verwendung des Kontos „Geldtransit" vergleiche die Bemerkungen zur Bareinzahlung.

Buchung zu Beleg 5: Bankgutschrift Habenzinsen laufendes Konto

Grundbuch

Datum/Nr.	Geschäftsfall	Konto Soll	Konto Haben	Betrag €	Betrag €
30.09.	Habenzinsen HAMBA	HAMBA		48,70	
			Zinserträge		48,70

T-Konten

S	HAMBA	H
48,70		

S	Zinserträge	H
		48,70

DATEV-Buchungsliste (SKR 03)

Soll	Haben	B	USt	K	Gegen-konto-Nr.	Beleg-Nr.	Beleg-Datum	Konto-Nr.	Text	Skonto
48,70					2650		30.09.	1200		

DATEV-Buchungsliste (SKR 04)

Soll	Haben	B	USt	K	Gegen-konto-Nr.	Beleg-Nr.	Beleg-Datum	Konto-Nr.	Text	Skonto
48,70					7100		30.09.	1800		

Beleg 6: Banklastschrift Sollzinsen laufendes Konto

Wie lautet die Buchung?

Kontoauszug	Hamburger Bank, IBAN: DE17 2005 0550 1251 1234 00			
Kontonummer	Kontobezeichnung		Vortrag vom	Auszug Nr.
1251/123400	INTER-FASHION Bekleidungsgroßhandel		29.04.20..	60
			Saldovortrag	- 12.350,00 €
Buchungstag	Wertstellung	Erläuterungen	Belastungen/Gutschriften	
30. Apr	30.04.	Sollzinsen April	127,69 €	
		Auszug vom: 30. Apr	Neuer Saldo	
		Ihr Dispo: 100.000,00 €		- 12.477,69 €

Buchung zu Beleg 6: Banklastschrift Sollzinsen laufendes Konto

Grundbuch

Datum/Nr.	Geschäftsfall	Konto Soll	Konto Haben	Betrag €	Betrag €
30.04.	Sollzinsen HAMBA	Zinsaufwand		127,69	
			HAMBA		127,69

T-Konten

S	Zinsaufwand	H
127,69		

S	HAMBA	H
		127,69

DATEV-Buchungsliste (SKR 03)

Soll	Haben	B	USt	K	Gegen-konto-Nr.	Beleg-Nr.	Beleg-Datum	Konto-Nr.	Text	Skonto
	127,69				2110		30.04.	1200		

DATEV-Buchungsliste (SKR 04)

Soll	Haben	B	USt	K	Gegen-konto-Nr.	Beleg-Nr.	Beleg-Datum	Konto-Nr.	Text	Skonto
	127,69				7310		30.04.	1800		

MERKE

Das Konto „Zinsaufwand“ bestimmt sich danach, welche Laufzeit der Kredit hat, für den die Zinsen zu zahlen sind. Da es sich im vorliegenden Fall um Kontokorrentzinsen handelt, sind die Zinsen auf dem Konto „Zinsaufwendungen für kurzfristige Verbindlichkeiten“ zu buchen.

Beleg 7: Bankgutschrift Auszahlung Geschäftsdarlehen

Wie lautet die Buchung?

Kontoauszug	**Hamburger Bank, IBAN: DE17 2005 0550 1251 1234 00**			
Kontonummer	Kontobezeichnung		Vortrag vom	Auszug Nr.
1251/123400	INTER-FASHION Bekleidungsgroßhandel		31.12.20.. (-1)	1
			Saldovortrag	9.540,00 €
Buchungstag	Wertstellung	Erläuterungen	Belastungen/Gutschriften	
02. Jan	02.01.	Auszahlung		100.000,00 €
		Geschäftsdarlehen		
		Laufzeit 10 Jahre		
		Auszug vom: 02. Jan	Neuer Saldo	
		Ihr Dispo: 100.000,00 €		109.540,00 €

Buchung zu Beleg 7: Bankgutschrift Auszahlung Geschäftsdarlehen

Grundbuch

Datum/Nr.	Geschäftsfall	Konto Soll	Konto Haben	Betrag €	Betrag €
02.01.	Auszahlung Darlehen, Laufzeit 10 Jahre	HAMBA		100.000,00	
			Darlehen		100.000,00

T-Konten

S	HAMBA	H
100.000,00		

S	Darlehen	H
		100.000,00

DATEV-Buchungsliste (SKR 03)

Soll	Haben	B	USt	K	Gegen-konto-Nr.	Beleg-Nr.	Beleg-Datum	Konto-Nr.	Text	Skonto
100.000,00					0650		02.01.	1200		

DATEV-Buchungsliste (SKR 04)

Soll	Haben	B	USt	K	Gegen-konto-Nr.	Beleg-Nr.	Beleg-Datum	Konto-Nr.	Text	Skonto
100.000,00					3170		02.01.	1800		

MERKE

Für die Auswahl des korrekten Darlehenskontos kommt es auf die Restlaufzeit des Darlehens an. Im vorliegenden Fall beträgt die Restlaufzeit 10 Jahre. Deshalb ist das Konto „Verbindlichkeiten gegenüber Kreditinstituten – Restlaufzeit größer 5 Jahre" zu verwenden.

Beleg 8: Banklastschrift Darlehenszinsen und Darlehenstilgung

Wie lauten die Buchungen?

Kontoauszug	**Hamburger Bank, IBAN: DE17 2005 0550 1251 1234 00**			
Kontonummer	Kontobezeichnung		Vortrag vom	Auszug Nr.
1251/123400	INTER-FASHION Bekleidungsgroßhandel		31.12.20..	179
			Saldovortrag	20.780,00 €
Buchungstag	Wertstellung	Erläuterungen	Belastungen/Gutschriften	
31. Dez	31.12.	Darlehenstilgung	10.000,00 €	
	31.12.	Darlehenszinsen	6.000,00 €	
		(Restlaufzeit 9 Jahre)		
		Auszug vom: 31. Dez	Neuer Saldo	
		Ihr Dispo: 100.000,00 €		4.780,00 €

Buchung zu Beleg 8: Banklastschrift Darlehenszinsen und Darlehenstilgung

Grundbuch

Datum/Nr.	Geschäftsfall	Konto Soll	Konto Haben	Betrag €	Betrag €
31.12.	Darlehenstilgung und -zinsen (Restlaufzeit 9 Jahre)	Darlehen		10.000,00	
		Zinsaufwand		6.000,00	
			HAMBA		16.000,00

T-Konten

S	Darlehen	H
10.000,00		

S	Zinsaufwand	H
6.000,00		

S	HAMBA	H
		16.000,00

DATEV-Buchungsliste (SKR 03)

Soll	Haben	B	USt	K	Gegen-konto-Nr.	Beleg-Nr.	Beleg-Datum	Konto-Nr.	Text	Skonto
	10.000,00				0650		31.12.	1200		
	6.000,00				2120					

DATEV-Buchungsliste (SKR 04)

Soll	Haben	B	USt	K	Gegen-konto-Nr.	Beleg-Nr.	Beleg-Datum	Konto-Nr.	Text	Skonto
	10.000,00				3170		31.12.	1800		
	6.000,00				7320					

MERKE

Bei Darlehen und Darlehenzinsen ist zwischen Restlaufzeiten bis 1 Jahr, bis 5 Jahre und größer als 5 Jahre zu unterscheiden. (Vgl. auch die Bemerkungen zu den beiden vorhergehenden Geschäftsfällen.)

Beleg 9: Darlehensauszahlung abzüglich Disagio

a) Wie lautet die Buchung?

b) Was ist hinsichtlich des Disagios zu beachten?

Kontoauszug	**Hamburger Bank, IBAN: DE17 2005 0550 1251 1234 00**			
Kontonummer	Kontobezeichnung		Vortrag vom	Auszug Nr.
1251/123400	INTER-FASHION Bekleidungsgroßhandel		30.06.20..	91
			Saldovortrag	1.200,00 €
Buchungstag	Wertstellung	Erläuterungen	Belastungen/Gutschriften	
01. Jul	01.07.	Auszahlung		98.000,00 €
		Geschäftsdarlehen		
		Laufzeit 10 Jahre		
		abzüglich 2 % Disagio		
		Auszug vom: 01. Jul	Neuer Saldo	
		Ihr Dispo: 100.000,00 €		99.200,00 €

Buchung zu Beleg 9: Darlehensauszahlung abzüglich Disagio

a) **Grundbuch**

Datum/Nr.	Geschäftsfall	Konto Soll	Konto Haben	Betrag €	Betrag €
01.07.	Auszahlung Darlehen abzüglich Disagio	HAMBA		98.000,00	
		Disagio		2.000,00	
			Darlehen		100.000,00

T-Konten

S	HAMBA	H
98.000,00		

S	Disagio	H
2.000,00		

S	Darlehen	H
		100.000,00

DATEV-Buchungsliste (SKR 03)

Soll	Haben	B	USt	K	Gegen-konto-Nr.	Beleg-Nr.	Beleg-Datum	Konto-Nr.	Text	Skonto
98.000,00					0650		01.07.	1200		
2.000,00					0650			0986		

DATEV-Buchungsliste (SKR 04)

Soll	Haben	B	USt	K	Gegen-konto-Nr.	Beleg-Nr.	Beleg-Datum	Konto-Nr.	Text	Skonto
98.000,00					3170		02.01.	1800		
2.000,00					3170			1940		

b) Das Disagio ist auf einem gesonderten Konto zu aktivieren und entweder auf die Laufzeit des Darlehens (hier 10 Jahre) oder auf die Dauer der vereinbarten Zinsbindung des Darlehens abzuschreiben.

Beleg 10: Leasing Geschäftswagen

Wie lautet die Buchung?

Kontoauszug	**Hamburger Bank, IBAN: DE17 2005 0550 1251 1234 00**			
Kontonummer	Kontobezeichnung		Vortrag vom	Auszug Nr.
1251/123400	INTER-FASHION Bekleidungsgroßhandel		03.12.20..	167
			Saldovortrag	22.170,00 €
Buchungstag	Wertstellung	Erläuterungen	Belastungen/Gutschriften	
05. Dez.	05.12.	Lastschrift Auto Leasing		
		Leasingrate Dezember		
		OD-IF 8800	238,00 €	
		Auszug vom: 05. Dez	Neuer Saldo	
		Ihr Dispo: 100.000,00 €		21.932,00 €

Auto Leasing GmbH

Auto Leasing GmbH, 38094 Braunschweig

INTER-FASHION
Bekleidungsgroßhandel
Postfach 11 06
21451 Reinbek

Geschäftsführung:
Dr. Heidrun Kaefer
Forderungsmanagement
Unser Zeichen: E-KCF Leasing
Telefon: 0531-212-86400
Telefax: 0531-212-73999
E-Mail: fmleasing@autoleasing.com
Kundennummer: 442786
Belegnummer: 2497378

Datum: 05.12.20..

RECHNUNG

Kennzeichen	**Vertrag**	**Fahrgestell**
OD-IF 8800	6731645	8X6CB020440

A1 AMBITION 1,4 TFSI

Die monatliche Leasingrate beträgt ab 01.12.20..	200,00 €
Summe steuerpflichtiger Umsätze	200,00 €
19 % Umsatzsteuer	38,00 €
Gesamtbetrag - Einzug durch Banklastschrift	**238,00 €**

AUTO Leasing GmbH
Gifhorner Straße 579
38112 Braunschweig
INFO@AUTOLEASING.DE
WWW.AUTOLEASING.DE

SITZ DER GESELLSCHAFT
BRAUNSCHWEIG
AMTSGERICHT BRAUNSCHWEIG
HRB 2885
UST-Id-Nr.: DE8111115320

AUTOBANK
BRAUNSCHWEIG
IBAN: DE41 2702 0000 4427 8632 22

Buchung zu Beleg 10: Leasing Geschäftswagen

Grundbuch

Datum/Nr.	Geschäftsfall	Konto Soll	Konto Haben	Betrag €	Betrag €
05.12.	Lastschrift Leasingrate Pkw Dezember	Mietleasing		200,00	
		Vorsteuer		38,00	
			HAMBA		238,00

T-Konten

S	Mietleasing Kfz	H
	200,00	

S	Vorsteuer	H
	38,00	

S	HAMBA	H
		238,00

DATEV-Buchungsliste (SKR 03)

Soll	Haben	B	USt	K	Gegen-konto-Nr.	Beleg-Nr.	Beleg-Datum	Konto-Nr.	Text	Skonto
	238,00		9	0	4570		05.12.	1200		

DATEV-Buchungsliste (SKR 04)

Soll	Haben	B	USt	K	Gegen-konto-Nr.	Beleg-Nr.	Beleg-Datum	Konto-Nr.	Text	Skonto
	238,00		9	0	6560		05.12.	1800		

Beleg 11: Kassenbuch Fehlbetrag

Wie ist der Kassenfehlbetrag zu buchen?

Kassenbuch Monat Dezember 20..

Lfd. Nr.	Datum	Text	Ein-zahlungen (+)	Aus-zahlungen (-)	Saldo	Gegen-Konto-Nr.
1	01.12.	Anfangsbestand			500,00 €	
2	04.12.	Blume 3000, Strauß für Empfang		30,00 €	470,00 €	
3	07.12.	Postwertzeichen		80,00 €	390,00 €	
4	14.12.	HEM, Diesel Pkw Herr M.		72,00 €	318,00 €	
5	15.12.	Privatentnahme		200,00 €	118,00 €	
6	20.12.	Shell, Diesel Pkw Herr M.		53,00 €	65,00 €	
7	21.12.	Abhebung bei der HAMBA	500,00 €		565,00 €	
8	22.12.	Büro aktuell, Ordner		56,00 €	509,00 €	
9	23.12.	Belegte Brötchen für Personal		80,00 €	429,00 €	
10	**31.12.**	**Bestand lt. Kassensturz**			409,00 €	
11		**Kassenfehlbetrag**			**20,00 €**	
12						
13						
14						
15						
16						

Buchung zu Beleg 11: Kassenbuch Fehlbetrag

Grundbuch

Datum/Nr.	Geschäftsfall	Konto Soll	Konto Haben	Betrag Euro	Betrag Euro
31.12.	Kassenfehlbetrag	Sonst. Aufwendg. unregelmäßig		20,00	
			Kasse		20,00

T-Konten

S	So. Aufw. unregelm.	H
20,00		

S	Kasse	H
		20,00

DATEV-Buchungsliste (SKR 03)

Soll	Haben	B	USt	K	Gegen-konto-Nr.	Beleg-Nr.	Beleg-Datum	Konto-Nr.	Text	Skonto
	20,00				2309		31.12.	1000		

DATEV-Buchungsliste (SKR 04)

Soll	Haben	B	USt	K	Gegen-konto-Nr.	Beleg-Nr.	Beleg-Datum	Konto-Nr.	Text	Skonto
	20,00				6969		31.12.	1600		

MERKE

Die Kasse bei INTER-FASHION wird nur für kleinere Ausgaben verwendet. Barverkäufe erfolgen i. d. R. nicht. Trotz intensiver Suche nach dem Fehler kann die Kassendifferenz nicht geklärt werden. Der Fehlbetrag ist deshalb über das Konto „Sonstige Aufwendungen, unregelmäßig" auszubuchen.

Beleg 12: Kassenbuch Mehrbetrag

Wie ist der Kassenmehrbetrag zu buchen?

Kassenbuch Monat Dezember 20..

Lfd. Nr.	Datum	Text	Ein-zahlungen (+)	Aus-zahlungen (-)	Saldo	Gegen-Konto-Nr.
1	01.12.	Anfangsbestand			500,00 €	
2	04.12.	Blume 3000, Strauß für Empfang		30,00 €	470,00 €	
3	07.12.	Postwertzeichen		80,00 €	390,00 €	
4	14.12.	HEM, Diesel Pkw Herr M.		72,00 €	318,00 €	
5	15.12.	Privatentnahme		200,00 €	118,00 €	
6	20.12.	Shell, Diesel Pkw Herr M.		53,00 €	65,00 €	
7	21.12.	Abhebung bei der HAMBA	500,00 €		565,00 €	
8	22.12.	Büro aktuell, Ordner		56,00 €	509,00 €	
9	23.12.	Belegte Brötchen für Personal		80,00 €	429,00 €	
10	**31.12.**	**Bestand lt. Kassensturz**			470,00 €	
11		**Kassenmehrbetrag**			**41,00 €**	
12						
13						
14						
15						
16						

Buchung zu Beleg 12: Kassenbuch Mehrbetrag

Grundbuch

Datum/Nr.	Geschäftsfall	Konto Soll	Konto Haben	Betrag Euro	Betrag Euro
31.12.	Kassenmehrbetrag	Kasse		41,00	
			Sonst. Ertr. unregelmäßig		41,00

T-Konten

S	Kasse	H
41,00		

S	So. Ertr. unregelm.	H
		41,00

DATEV-Buchungsliste (SKR 03)

Soll	Haben	B	USt	K	Gegen-konto-Nr.	Beleg-Nr.	Beleg-Datum	Konto-Nr.	Text	Skonto
41,00					2709		31.12.	1000		

DATEV-Buchungsliste (SKR 04)

Soll	Haben	B	USt	K	Gegen-konto-Nr.	Beleg-Nr.	Beleg-Datum	Konto-Nr.	Text	Skonto
41,00					4839		31.12.	1600		

MERKE

Die Kasse bei INTER-FASHION wird nur für kleinere Ausgaben verwendet. Barverkäufe erfolgen i. d. R. nicht. Trotz intensiver Suche nach dem Fehler kann die Kassendifferenz nicht geklärt werden. Der Mehrbetrag ist deshalb über das Konto „Sonstige Erträge, unregelmäßig“ zu buchen.

8. Anlagevermögen

Beleg 1: Kauf eines geringwertigen Wirtschaftsgutes (GWG) ≤ 250 €

BÄRTNER

Bärtner | Schöne Möbel - Große Bleichen 2 - 20354 Hamburg

INTER-FASHION
Bekleidungsgroßhandel
Im- und Export
Inh. Tobias Münster
Rathausstraße 32
21465 Reinbek

Rechnung
42485
Kunden-Nr.
KA010062
Datum
20.06.20..
Seite 1

Auftrags-Nr.	Bestellung vom	Beratung	Bearbeitung	Tag der Lieferung
06392	02.06.20..			20.06.20..
		Herr Voss	Frau Froese	Telefon 040/727 83 37

Pos.	Gegenstand	Menge	Preis	Gesamt
1	Designer Schreibtischlampen LED Ausführung schwarz	2	210,00 €	420,00 €

Zahlungsbedingungen:		
Zahlung innerhalb von 8 Tagen	Summe:	420,00 €
netto Kasse	19 % MwSt:	79,80 €
	Gesamtbetrag:	499,80 €

Bei der Zahlung erbitten wir die Angabe
der Rechnungs- und Kundennummer.
Wir danken für Ihren Auftrag.

Unsere Steuernummer: 1234567890

Internationale Möbel für Büro und Wohnen GmbH
Große Bleichen 23 • 20354 Hamburg • Telefon 040/35 60 09-0 • Mail: info@moebel-baertner-international.com

Geschäftsführer: Werner Lindemann, Frank Anger-Lindemann, Manfred Trommler, Manfred Wohlgemuth
HRB 40 553 Hgb • IBAN: DE44 2007 0000 0000 3000 95

Buchung zu Beleg 1: Kauf eines geringwertigen Wirtschaftsgutes (GWG) ≤ 250 €

Grundbuch

Datum/Nr.	Geschäftsfall	Konto Soll	Konto Haben	Betrag Euro	Betrag Euro
20.06.	Bärtner für 2 Schreibtischlampen	Sofortabschr. GWG		420,00	
		Vorsteuer		79,80	
			Verbindlichk.		499,80

T-Konten

S	Sofortabschr.	H
420,00		

S	Vorsteuer	H
79,80		

S	Verbindlichk.	H
		499,80

DATEV-Buchungsliste (SKR 03)

Soll	Haben	B	USt	K	Gegen-konto-Nr.	Beleg-Nr.	Beleg-Datum	Konto-Nr.	Text	Skonto
	499,80		9	0	4855	42485	20.06.	1610		

DATEV-Buchungsliste (SKR 04)

Soll	Haben	B	USt	K	Gegen-konto-Nr.	Beleg-Nr.	Beleg-Datum	Konto-Nr.	Text	Skonto
	499,80		9	0	6260	42485	20.06.	3310		

MERKE

GWG, deren Anschaffungs- oder Herstellungskosten 250,00 € netto nicht übersteigen, können im Anschaffungs- bzw. Herstellungsjahr im vollen Umfang auf dem Konto Sofortabschreibung geringwertige Wirtschaftsgüter erfasst werden.

Beleg 2: Kauf eines geringwertigen Wirtschaftsgutes (GWG) ≤ 800 €

BÄRTNER

Bärtner | Schöne Möbel - Große Bleichen 2 - 20354 Hamburg

INTER-FASHION
Bekleidungsgroßhandel
Im- und Export
Inh. Tobias Münster
Rathausstraße 32
21465 Reinbek

Rechnung
42933
Kunden-Nr.
KA010062
Datum
24.06.20..
Seite 1

Auftrags-Nr.	Bestellung vom			Tag der Lieferung
06471	24.06.20..			24.06.20..
		Beratung	Bearbeitung	Telefon
		Herr Voss	Frau Froese	040/727 83 37

Pos.	Gegenstand	Menge	Preis	Gesamt
1	Aktenschrank mit Zieharmonikatüren Ausführung Buche	1	400,00 €	400,00 €

Betrag in bar dankend erhalten!
24.06.20.. Moritz Voss

Zahlungsbedingungen:
Zahlung innerhalb von 8 Tagen
netto Kasse

Summe:	400,00 €
19 % MwSt:	76,00 €
Gesamtbetrag:	476,00 €

Bei der Zahlung erbitten wir die Angabe
der Rechnungs- und Kundennummer.
Wir danken für Ihren Auftrag.

Unsere Steuernummer: 1234567890

Internationale Möbel für Büro und Wohnen GmbH
Große Bleichen 23 • 20354 Hamburg • Telefon 040/35 60 09-0 • Mail: info@moebel baertner international.com

Geschäftsführer: Werner Lindemann, Frank Anger-Lindemann, Manfred Trommler, Manfred Wohlgemuth
HRB 40 553 Hgb • IBAN: DE44 2007 0000 0000 3000 95

Buchung zu Beleg 2: Kauf eines geringwertigen Wirtschaftsgutes (GWG) ≤ 800 €

Grundbuch

Datum/Nr.	Geschäftsfall	Konto Soll	Konto Haben	Betrag Euro	Betrag Euro
24.06.	Bärtner für Aktenschrank	GWG		400,00	
		Vorsteuer		76,00	
			Kasse		476,00

T-Konten

S	GWG bis 800 €	H
400,00		

S	Vorsteuer	H
76,00		

S	Kasse	H
		476,80

DATEV-Buchungsliste (SKR 03)

Soll	Haben	B	USt	K	Gegen-konto-Nr.	Beleg-Nr.	Beleg-Datum	Konto-Nr.	Text	Skonto
	476,00		9	0	0480	42933	24.06.	1000	1 Aktenschrank, Buche	

DATEV-Buchungsliste (SKR 04)

Soll	Haben	B	USt	K	Gegen-konto-Nr.	Beleg-Nr.	Beleg-Datum	Konto-Nr.	Text	Skonto
	476,00		9	0	0670	42933	24.06.	1600	1 Aktenschrank Buche	

MERKE

GWG, deren Anschaffungs- oder Herstellungskosten 250 € netto übersteigen, aber nicht mehr als 800 € netto betragen, können auf dem Konto 0480 bzw. 0670 erfasst werden.

Beleg 3: Kauf eines geringwertigen Wirtschaftsgutes (GWG) ≤ 1.000 € (Poolabschreibung)

BÄRTNER

Bärtner | Schöne Möbel - Große Bleichen 2 - 20354 Hamburg

INTER-FASHION
Bekleidungsgroßhandel
Im- und Export
Inh. Tobias Münster
Rathausstraße 32
21465 Reinbek

Rechnung
44312
Kunden-Nr.
KA010062
Datum
20.12.20..
Seite 1

Auftrags-Nr.	Bestellung vom			Tag der Lieferung
9200	03.12.20..			20.12.20..
		Beratung	Bearbeitung	Telefon
		Herr Voss	Frau Froese	040/727 83 37

Pos.	Gegenstand	Menge	Preis	Gesamt
1	Aktenschrank mit Zieharmonikatüren – wie besichtigt – Ausführung Buche	1	850,00 €	850,00 €
2	Chefsessel Leder schwarz lt. Angebot	1	950,00 €	950,00 €

Zahlungsbedingungen:
Zahlung innerhalb von 8 Tagen
netto Kasse

Summe:	1.800,00 €
19 % MwSt:	342,00 €
Gesamtbetrag:	2.142,00 €

Bei der Zahlung erbitten wir die Angabe
der Rechnungs- und Kundennummer.
Wir danken für Ihren Auftrag.

Unsere Steuernummer: 1234567890

Internationale Möbel für Büro und Wohnen GmbH
Große Bleichen 23 • 20354 Hamburg • Telefon 040/35 60 09-0 • Mail: info@moebel-baertner-international.com

Geschäftsführer: Werner Lindemann, Frank Anger-Lindemann, Manfred Trommler, Manfred Wohlgemuth
HRB 40 553 Hgb • IBAN: DE44 2007 0000 0000 3000 95

Buchung zu Beleg 3: Kauf eines geringwertigen Wirtschaftsgutes (GWG) ≤ 1.000 € (Poolabschreibung)

Grundbuch

Datum/Nr.	Geschäftsfall	Konto Soll	Konto Haben	Betrag Euro	Betrag Euro
20.12.	Bärtner für Aktenschrank und Chefsessel	Sammelp. GWG		1.800,00	
		Vorsteuer		342,00	
			Verbindlichk.		
					2.142,00

T-Konten

S	Sammelposten GWG	H
1.800,00		

S	Vorsteuer	H
342,00		

S	Verbindlichk.	H
		2.142,00

DATEV-Buchungsliste (SKR 03)

Soll	Haben	B	USt	K	Gegen-konto-Nr.	Beleg-Nr.	Beleg-Datum	Konto-Nr.	Text	Skonto
2.142,00			9	0	1610	44312	20.12.	0485	1 Aktenschrank = 850,00 €	
									1 Chefsessel = 950,00 €	

DATEV-Buchungsliste (SKR 04)

Soll	Haben	B	USt	K	Gegen-konto-Nr.	Beleg-Nr.	Beleg-Datum	Konto-Nr.	Text	Skonto
2.142,00			9	0	3310	44312	20.12.	0675	1 Aktenschrank = 850,00 €	
									1 Chefsessel = 950,00 €	

MERKE

Die Anschaffungskosten für die erworbenen Gegenstände liegen jeweils über 800 € und können deshalb nicht als GWG sofort in voller Höhe abgeschrieben werden.

Es besteht aber die Möglichkeit, sie als Sammelposten gem. § 6 Abs. 2a EStG zu behandeln und mit jährlich 20 % linear abzuschreiben.

Eine andere Möglichkeit wäre, die Gegenstände als Betriebs- und Geschäftsausstattung zu erfassen und über die gesamte Nutzungsdauer (i. d. R. 13 Jahre) abzuschreiben.

Beleg 4: Kauf eines gebrauchten Anlagegegenstandes

Wie lautet der Buchungssatz, wenn das Fahrzeug ausschließlich betrieblich genutzt wird?

Jaguar

Vollant+SOHN

Vollant + Sohn - Angerstraße 28 - 22087 Hamburg

INTER-FASHION
Bekleidungsgroßhandel
Im- und Export
Postfach 11 06
21465 Reinbek

Vollant + Sohn (GmbH + Co.)
Angerstraße 28 - 22087 Hamburg
Telefon: 040/251 33 66
E-Mail: service@jaguar-vollant.com

Bei Zahlungen immer angeben:

		KD-Nr.	Rechnung	
		181887	202568	20.04.20..
Typ	Amtl. Kennzeichen	Telefon	km-Stand	Auftrags-Nr.
XF	OD-XJ 73	727 41 79	35.200	051680 RA 00
Fahrzeug-Identitäts-Nr.	Motor-Nr.	Erstzulassung		
JPALD4-BJ-735571		31.01.20.. (-7)	Oldenburg	20.04.20..
Wir lieferten Ihnen am 20.04.20.. einen Jaguar, Aufbau Limousine, Farbe black, als Gebrauchtfahrzeug zum Preis von netto Es bediente Sie Herr Oldenburg				27.000,00 €
MwSt-Satz: 19 %				
Zwischensumme Netto	Mehrwertsteuer	MwSt Altteile	Auslagen	Rechnungsbetrag
27.000,00 €	5.130,00 €			32.130,00 €

Unsere Steuernummer: 1234567890

Zahlbar netto Kasse nach Erhalt der Rechnung

Laut Erlass des Bundesfinanzministeriums vom 12. März 1969 sind zusätzlich zum Bruttotauschpreis 10 % des Listenpreises zu versteuern. Sämtliche Leistungen und Lieferungen erfolgen aufgrund der Ihnen bekannten Geschäftsbedingungen für die Ausführung von Instandsetzungsarbeiten an Kraftfahrzeugen.

IBAN: DE56 2004 0000 1345 4550 09
Amtsgericht Hamburg HRA 46234 - Pers. Haft. Gesellschafterin: Oscar Vollant Verwaltungs GmbH, Amtsgericht Hamburg HRB 11952, Geschäftsführer: Edmund Vollant, Philip Vollant

Buchung zu Beleg 4: Kauf eines gebrauchten Anlagegegenstandes

Grundbuch

Datum/Nr.	Geschäftsfall	Konto Soll	Konto Haben	Betrag €	Betrag €
20.04.	Kfz-Kauf	Pkw		27.000,00	
		Vorsteuer		5.130,00	
			Sonstige Verbindlichkeiten		32.130,00

T-Konten

S	Pkw	H
27.000,00		

S	Vorsteuer	H
5.130,00		

S	Sonst. Verbindl.	H
		32.130,00

DATEV-Buchungsliste (SKR 03)

Soll	Haben	B	USt	K	Gegen-konto-Nr.	Beleg-Nr.	Beleg-Datum	Konto-Nr.	Text	Skonto
	32.130,00		9	0	0320		20.04.	1610		

DATEV-Buchungsliste (SKR 04)

Soll	Haben	B	USt	K	Gegen-konto-Nr.	Beleg-Nr.	Beleg-Datum	Konto-Nr.	Text	Skonto
	32.130,00		9	0	0520		20.04.	3310		

Beleg 5: Kfz-Zulassungsgebühren

a) Wie lautet der Buchungssatz bei Rechnungseingang?

b) Nehmen Sie Stellung zu Anschaffungsnebenkosten.

Jaguar

Vollant+SOHN

Vollant + Sohn - Angerstraße 28 - 22087 Hamburg

INTER-FASHION
Bekleidungsgroßhandel
Im- und Export
Postfach 11 06
21465 Reinbek

Vollant + Sohn (GmbH + Co.)
Angerstraße 28 - 22087 Hamburg
Telefon: 040/251 33 66
E-Mail: service@jaguar-vollant.com

Bei Zahlungen immer angeben:

		KD-Nr.	Rechnung	
		181887	202599	23.04.20..
Typ	Amtl. Kennzeichen	Telefon	km-Stand	Auftrags-Nr.
XF	OD-XJ 73	727 41 79	35.200	051680 RA 00
Fahrzeug-Identitäts-Nr.	Motor-Nr.	Erstzulassung		
JPALD4-BI-735571		31.01.20.. (-7)	Oldenburg	23.04.20..
Verauslagte Zulassungsgebühren				100,00 €
Es bediente Sie Herr Oldenburg				
MwSt-Satz: 19 %				
Zwischensumme Netto	Mehrwertsteuer	MwSt Altteile	Auslagen	Rechnungsbetrag
100,00 €				100,00 €

Unsere Steuernummer: 1234567890

Zahlbar netto Kasse nach Erhalt der Rechnung

Laut Erlass des Bundesfinanzministeriums vom 12. März 1969 sind zusätzlich zum Bruttotauschpreis 10 % des Listenpreises zu versteuern. Sämtliche Leistungen und Lieferungen erfolgen aufgrund der Ihnen bekannten Geschäftsbedingungen für die Ausführung von Instandsetzungsarbeiten an Kraftfahrzeugen.

IBAN: DE56 2004 0000 1345 4550 09
Amtsgericht Hamburg HRA 46234 - Pers. Haft. Gesellschafterin: Oscar Vollant Verwaltungs GmbH, Amtsgericht Hamburg HRB 11952, Geschäftsführer: Edmund Vollant, Philip Vollant

Buchung zu Beleg 5: Kfz-Zulassungsgebühren

a) **Grundbuch**

Datum/Nr.	Geschäftsfall	Konto Soll	Konto Haben	Betrag €	Betrag €
23.04.	Rechnung Zulassungsgebühren	Pkw		100,00	
			Verbindlichkeit aLuL		100,00

T-Konten

S	Pkw	H
100,00		

S	Verbindlichkeit aLuL	H
		100,00

DATEV-Buchungsliste (SKR 03)

Soll	Haben	B	USt	K	Gegen-konto-Nr.	Beleg-Nr.	Beleg-Datum	Konto-Nr.	Text	Skonto
	100,00				0320		23.04.	1610		

DATEV-Buchungsliste (SKR 04)

Soll	Haben	B	USt	K	Gegen-konto-Nr.	Beleg-Nr.	Beleg-Datum	Konto-Nr.	Text	Skonto
	100,00				0520		23.04.	3310		

b) Zu den Anschaffungsnebenkosten gehören alle Aufwendungen, die erforderlich sind, um den Anlagegegenstand in einen betriebsbereiten Zustand zu versetzen und den Gegenstand aus der fremden in die eigene Verfügungsmacht zu verbringen.

MERKE

Zulassungsgebühren sowie Überführungskosten gehören zu den Anschaffungskosten eines Pkw.

Beleg 6: Anzahlung auf Sachanlagen

Wie lautet die Buchung?

Kontoauszug	Hamburger Bank, IBAN: DE17 2005 0550 1251 1234 00			
Kontonummer	Kontobezeichnung		Vortrag vom	Auszug Nr.
1251/123400	INTER-FASHION Bekleidungsgroßhandel		20.08.20..	153
			Saldovortrag	29.876,00 €
Buchungstag	Wertstellung	Erläuterungen	Belastungen/Gutschriften	
22. Aug	20.08.	Gutschrift Stiehl, Hamburg	11.900,00 €	
		Re. Nr. A08/23 vom 18.08.20..		
		Anzahlung Gabelstapler		
		Auszug vom: 22. Aug	Neuer Saldo	
		Ihr Dispo: 100.000,00 €		17.976,00 €

Stiehl GmbH Hamburg

Stiehl GmbH, Postfach 12 34, 22099 Hamburg

Bekleidungsgroßhandel
Inter Fashion
Inh.: Tobias Münster e. K.
Rathausstraße 32
21465 Reinbek

Stiehl GmbH
Industriestraße 100, 21107 Hamburg

Handelsregister Hamburg
HRB 2031666

Telefon: 040 /934 19 00
www.stiehl-stapler.de
USt-IdNr.: DE123456789

Bei Zahlungen und Schriftverkehr bitte angeben:

Anzahlungs-Rechnung

KD-Nr.	Re-Nr.	Re-Datum
123 456	**A08/23**	**18.08.20..**

Liefergegenstand	Einzelpreis in EUR	Anzahl	Gesamtpreis in EUR
Sehr geehrter Herr Münster!			
Vielen Dank für Ihren Auftrag vom 16.08.20..!			
Gemäß Kaufvertrag vom 16.08.20..			
erbitten wir eine Anzahlung in Höhe von			10.000,00
zuzüglich 19 % Umsatzsteuer			1.900,00
insgesamt			**11.900,00**

Bitte zahlen Sie den Betrag bis zum 23.08.20..
auf unser unten genanntes Bankkonto..

Bankkonto: Hamburger Sparkasse · DE60 2005 0550 1280 1267 70 · BIC: HASPDEHHXXX

Gerichtsstand: Hamburg

Buchung zu Beleg 6: Anzahlung auf Sachanlagen

Grundbuch

Datum/Nr.	Geschäftsfall	Konto Soll	Konto Haben	Betrag €	Betrag €
24.08.	Anzahlung auf bestellten Gabelstapler	Anzahlungen		10.000,00	
		Vorsteuer		1.900,00	
			HAMBA		11.900,00

T-Konten

S	Anzahlungen	H
10.000,00		

S	Vorsteuer	H
1.900,00		

S	Sonst. Verbindl.	H
		11.900,00

DATEV-Buchungsliste (SKR 03)

Soll	Haben	B	USt	K	Gegen-konto-Nr.	Beleg-Nr.	Beleg-Datum	Konto-Nr.	Text	Skonto
	11.900,00		9	0	0299		24.08.	1200		

DATEV-Buchungsliste (SKR 04)

Soll	Haben	B	USt	K	Gegen-konto-Nr.	Beleg-Nr.	Beleg-Datum	Konto-Nr.	Text	Skonto
	11.900,00		9	0	0780		24.08.	1800		

MERKE

Es ist zu unterscheiden zwischen Anzahlungen auf technische Anlagen und Maschinen einerseits und Geleistete Anzahlungen auf Vorräte andererseits. Im Bereich der Anlagevermögen gibt es noch weitere Anzahlungskonten, z. B. Anzahlungen auf Grundstücke usw.

Beleg 7: Kauf Gegenstand AV mit Verrechnung Anzahlung

Wie lautet die Buchung?

Stiehl GmbH Hamburg

Stiehl GmbH, Postfach 12 34, 22099 Hamburg

Bekleidungsgroßhandel
Inter Fashion
Inh.: Tobias Münster e. K.
Rathausstraße 32
21465 Reinbek

Stiehl GmbH
Industriestraße 100, 21107 Hamburg

Handelsregister Hamburg
HRB 2031666

Telefon: 040 /934 19 00
www.stiehl-stapler.de
USt-IdNr.: DE123456789

Bei Zahlungen und Schriftverkehr bitte angeben:

Rechnung

KD-Nr.	Re-Nr.	Re-Datum
123 456	**209456**	**01.10.20..**

Liefergegenstand	Einzelpreis in EUR	Anzahl	Gesamtpreis in EUR
Wir lieferten Ihnen gemäß Angebot vom 15.08.20.. einen Stiehl-Gabelstapler RX60 40/600 Nenntragkraft: 4.000 kg Lastschwerpunkt: 600 mm Hubgerüst: Duplex-Standard Hubhöhe: 4.480 mm Bauhöhe: 3.050 mm Hydraulik: Doppel-Zusatzhydraulik Anbaugerät: Zinkenverstellgerät mit Seitenschub Gabelzinkenlänge: 1.200 mm Beleuchtung: Arbeitsscheinwerfer vorne Wetterschutz: Vollkabine mit Heizung Bereifung vorne: Superelastik Bereifung hinten: Superelastik Batterie: 80 Volt / 930 Ah, Baujahr 2018 Ladegerät: 80 Volt - passend Dokumentation: Bedienungsanleitung und Prüfbuch			
Preis lt. Angebot			45.000,00
+ 19 % Umsatzsteuer			8.550,00
Gesamtbetrag			53.550,00
Anzahlung	10.000,00		
Umsatzsteuer	1.900,00		- 11.900,00
noch zu zahlen			**41.650,00**

Zahlungsbedingungen:
Zahlbar innerhalb von 30 Tagen nach Rechnungserhalt rein netto
oder innerhalb von 10 Tagen unter Abzug von 3 % Skonto.

Bankkonto: Hamburger Sparkasse · DE60 2005 0550 1280 1267 70 · BIC: HASPDEHHXXX

Gerichtsstand: Hamburg

Buchung zu Beleg 7: Kauf Gegenstand AV mit Verrechnung Anzahlung

Grundbuch

Datum/Nr.	Geschäftsfall	Konto Soll	Konto Haben	Betrag Euro	Betrag Euro
(1) 01.10.	Kauf Gabelstapler Fa. Stiehl	Techn. Anlagen		45.000,00	
		Vorsteuer		8.550,00	
			Verbindlichk.		53.550,00
(2) 01.10.	Verrechng. Anzahlung	Verbindlichk.		11.900,00	
			Gel. Anzahlg.		10.000,00
			Vorsteuer		1.900,00

T-Konten

S Techn. Anl. H

S	H
(1) 45.000,00	
(2)	

S Vorsteuer H

S	H
8.550,00	
	1.900,00

S Verbindlichk. H

S	H
	53.550,00
11.900,00	

S Gel. Anzahlg. H

S	H
(2)	10.000,00

DATEV-Buchungsliste (SKR 03)

Soll	Haben	B	USt	K	Gegen-konto-Nr.	Beleg-Nr.	Beleg-Datum	Konto-Nr.	Text	Skonto
	53.550,00		9	0	0200		01.10.	1610	Gabelstapler	
11.900,00			9	0	0299			1610		

DATEV-Buchungsliste (SKR 04)

Soll	Haben	B	USt	K	Gegen-konto-Nr.	Beleg-Nr.	Beleg-Datum	Konto-Nr.	Text	Skonto
	53.550,00		9	0	0400		01.10.	3310	Gabelstapler	
11.900,00			9	0	0780			3310		

Beleg 8: Banküberweisung Kauf Gegenstand AV nach Anzahlung

Wie lautet die Buchung?

Kontoauszug	**Hamburger Bank, IBAN: DE17 2005 0550 1251 1234 00**			
Kontonummer	Kontobezeichnung		Vortrag vom	Auszug Nr.
1251/123400	INTER-FASHION Bekleidungsgroßhandel		07.10.20..	138
			Saldovortrag	29.876,00 €
Buchungstag	Wertstellung	Erläuterungen	Belastungen/Gutschriften	
09. Okt	09.10.	Lastschr. Stiehl, Hamburg	40.400,00 €	
		Re. V. 01.10.20.. abzüglich		
		3 % Skonto		
		Auszug vom: 09. Okt	Neuer Saldo	
		Ihr Dispo: 100.000,00 €		- 10.524,00 €

Buchung zu Beleg 8: Banküberweisung Kauf Gegenstand AV nach Anzahlung

Grundbuch

Datum/Nr.	Geschäftsfall	Konto Soll	Konto Haben	Betrag Euro	Betrag Euro
09.10.	Lastschr. Stiehl Re. V. 01.10.20..	Verbindlichk.		41.650,00	
			Techn. Anl.		1.050,42
			Vorsteuer		199,58
			HAMBA		40.400,00

T-Konten

S	Verbindlichk.	H
41.650,00		

S	Techn. Anlagen	H
Sa. 45.000,00		1.050,42

S	Vorsteuer	H
		199,58

S	HAMBA	H
		40.400,00

DATEV-Buchungsliste (SKR 03)

Soll	Haben	B	USt	K	Gegen-konto-Nr.	Beleg-Nr.	Beleg-Datum	Konto-Nr.	Text	Skonto
	40.400,00				1610		09.10.	1200		
	1.250,00		9	0	1610			0200		

DATEV-Buchungsliste (SKR 04)

Soll	Haben	B	USt	K	Gegen-konto-Nr.	Beleg-Nr.	Beleg-Datum	Konto-Nr.	Text	Skonto
	40.400,00				3310		09.10.	1800		
	1.250,00		9	0	3310			0400		

MERKE

Der Skontobetrag in Höhe von brutto 1.250 € darf nicht in die Skontospalte eingetragen werden, sondern vermindert durch Eintragen des Steuerschlüssels 9 die Anschaffungskosten des Gabelstaplers mit netto 1.050,42 € auf dem Konto 0200 bzw. 0400. Die Vorsteuer wird mit 199,58 € korrigiert.

Beleg 9: Banküberweisung für Kauf von Gegenstand AV mit sofortigem Skontoabzug

a) Wie lautet die Buchung per 25.04., wenn die Rechnung zuvor nicht gebucht wurde?

b) Was ist hinsichtlich des Skontoabzugs zu beachten?

COM-Systeme GmbH

Luruper Chaussee 125, Haus Süd
22761 Hamburg

COM, Luruper Chaussee 125, 22761 Hamburg

INTER-FASHION
Bekleidungsgroßhandel
Im- und Export
Postfach 11 06
21465 Reinbek

Telefon 040/89 10 74
040/89 10 75
040/89 10 76
Mobiltelefon 0172/400 27 56
E-Mail info@it-com-systeme.de
Bank IBAN: DE71 2007 0002 1449 4144 08
Handelsregister Hamburg HRB 34724
Geschäftsführer Frank Blick

Hamburg, den 28.04.20..

Rechnung

Kunde	INTER-FASHION
Kundennummer	7999
Rechnungsnummer	30647
Tag der Lieferung	20.04.20..

Wir berechnen gemäß unseren allgemeinen Verkaufs- und Lieferbedingungen:

Artikelnr.	Artikelbezeichnung	Menge	Einzelpreis €	Gesamtpreis €
99876	Computersystem 2020 gemäß Angebot 098957 v. 25.03.20.. **per HAMBA am 07.05. nach Abzug von Skonto 2.500,00 € bezahlt.**	1	2.145,00	2.145,00

Nettowert	2.145,00
19 % Mehrwertsteuer	407,55
Rechnungsbetrag	2.552,55

Unsere Steuernummer 1234567890

Zahlung Innerhalb von 10 Tagen mit 2 % Skonto oder nach 30 Tagen netto.

Eigentumsvorbehalt Die berechnete Ware bleibt bis zur vollständigen Bezahlung unser Eigentum
Gerichtsstand für beide Vertragsparteien ist Hamburg

Buchung zu Beleg 9: Banküberweisung für Kauf von Gegenstand AV mit sofortigem Skontoabzug

a) **Grundbuch**

Datum/Nr.	Geschäftsfall	Konto Soll	Konto Haben	Betrag €	Betrag €
25.04.	Überweisung Computer-System PC	BGA		2.100,84	
		Vorsteuer		399,16	
			HAMBA		2.500,00

T-Konten

S	BGA	H
2.100,84		

S	Vorsteuer	H
399,16		

S	HAMBA	H
		2.500,00

DATEV-Buchungsliste (SKR 03)

Soll	Haben	B	USt	K	Gegen-konto-Nr.	Beleg-Nr.	Beleg-Datum	Konto-Nr.	Text	Skonto
	2.500,00		9	0	0490		25.04.	1200		

DATEV-Buchungsliste (SKR 04)

Soll	Haben	B	USt	K	Gegen-konto-Nr.	Beleg-Nr.	Beleg-Datum	Konto-Nr.	Text	Skonto
	2.500,00		9	0	0690		25.04.	1800		

b) Auch ein sofortiger Preisnachlass, der nicht in der Rechnung auftaucht, z. B. Skonto, mindert die Anschaffungskosten und damit die Bemessungsgrundlage zur Berechnung der Abschreibungen.

Beleg 10: Kauf von Gegenstand des AV mit nachträglichem Skontoabzug

Wie lauten die Buchungen am 28.04. und 07.05.?

COM-Systeme GmbH

Luruper Chaussee 125, Haus Süd
22761 Hamburg

COM, Luruper Chaussee 125, 22761 Hamburg

INTER-FASHION
Bekleidungsgroßhandel
Im- und Export
Postfach 11 06
21465 Reinbek

Telefon 040/89 10 74
040/89 10 75
040/89 10 76
Mobiltelefon 0172/400 27 56
E-Mail info@it-com-systeme.de
Bank IBAN: DE71 2007 0002 1449 4144 08
Handelsregister Hamburg HRB 34724
Geschäftsführer Frank Blick

Hamburg, den 28.04.20..

Rechnung

Kunde	INTER-FASHION
Kundennummer	7999
Rechnungsnummer	30648
Tag der Lieferung	20.04.20..

Wir berechnen gemäß unseren allgemeinen Verkaufs- und Lieferbedingungen:

Artikelnr.	Artikelbezeichnung	Menge	Einzelpreis €	Gesamtpreis €
99876	Computersystem 2020 gemäß Angebot 098957 v. 25.03.20.. **per HAMBA am 07.05. nach Abzug von Skonto 2.565,64 € bezahlt.**	1	2.200,00	2.200,00

Nettowert	2.200,00
19 % Mehrwertsteuer	418,00
Rechnungsbetrag	2.618,00

Unsere Steuernummer 1234567890

Zahlung Innerhalb von 10 Tagen mit 2 % Skonto oder nach 30 Tagen netto.

Eigentumsvorbehalt Die berechnete Ware bleibt bis zur vollständigen Bezahlung unser Eigentum
Gerichtsstand für beide Vertragsparteien ist Hamburg

Buchung zu Beleg 10: Kauf von Gegenstand des AV mit nachträglichem Skontoabzug

Grundbuch

Datum/Nr.	Geschäftsfall	Konto Soll	Konto Haben	Betrag €	Betrag €
(1) 28.04.	Kauf PC auf Ziel	BGA		2.200,00	
		Vorsteuer		418,00	
			Verbindlichkeiten		2.618,00
(2) 07.05.	Überweisung für PC-Kauf	Verbindlichkeiten		2.618,00	
			HAMBA		2.565,64
			BGA		44,00
			Vorsteuer		8,36

T-Konten

S	BGA		H
(1)	2.200,00	(2)	44,00

S	Vorsteuer		H
(1)	418,00	(2)	8,36

S	Verbindlichkeiten		H
(2)	2.618,00	(1)	2.618,00

S	HAMBA		H
		(2)	2.565,64

DATEV-Buchungsliste (SKR 03)

Soll	Haben	B	USt	K	Gegen-konto-Nr.	Beleg-Nr.	Beleg-Datum	Konto-Nr.	Text	Skonto
	2.618,00		9	0	0490		28.04.	1610		
52,36			9	0	0490		07.05.	1610		
	2.565,64				1610		07.05.	1200		

DATEV-Buchungsliste (SKR 04)

Soll	Haben	B	USt	K	Gegen-konto-Nr.	Beleg-Nr.	Beleg-Datum	Konto-Nr.	Text	Skonto
	2.618,00		9	0	0690		28.04.	3310		
52,36			9	0	0690		07.05.	3310		
	2.565,64				3310		07.05.	1800		

Auch ein sofortiger Preisnachlass, der nicht in der Rechnung auftaucht, z. B. Skonto, mindert die Anschaffungskosten und damit die Bemessungsgrundlage zur Berechnung der Abschreibungen.

Beleg 11: Verkauf von Anlagevermögen bei Buchgewinn

Autohaus Sternberg

Autoreparatur
Inhaber Jürgen Sternberg
Eulenstraße 70
22763 Hamburg

Autohaus Sternberg, Eulenstraße 70, 22763 Hamburg

INTER-FASHION
Bekleidungsgroßhandel
Postfach 11 06
21451 Reinbek

Rechnung: 99453 vom: 29.05.20..
Kunden-Nr.: 11017 Debitor: 11017
Kunden-Berater: Jürgen Sternberg

Gebrauchtwagen-Kauf

Wir kauften von Ihnen am 28.05.20..:

1 gebrauchten Pkw Porsche 911,
Baujahr 1999
Km-Stand 120500
Kennzeichen OD-IF 911

zum Preis von	**20.000,00 €**
+ 19 % USt	**3.800,00 €**
zusammen	**23.800,00 €**

Unsere Steuernummer: 1234567890

Tel. 040 - 456 789 Fax: 040 - 456 788
www.auto-sternberg.de
IBAN: DE88 2001 0020 3359 5120 01

Anlagenkartei			
Konto:	0320/0520	Kontobezeichnung:	Pkw
Inventar-Nr.	61	Inventarbezeichnung:	Porsche 911 - OD-IF 911
AHK-Datum:	15.04.20.. (-5)	AfA-Beginn:	01.04.20.. (-5)
AHK-Kosten:	45.650,00 €	Voraussichtliche Nutzungsdauer:	3 Jahre = 36 Monate
AfA-Art	linear	AfA-%:	33 ⅓ %

Abschreibungsplan	Anzahl der Monate	Höhe der AfA	Buchwert
1. Jahr	9	11.413,00 €	34.237,00 €
2. Jahr	12	15.217,00 €	19.020,00 €
3. Jahr	12	15.217,00 €	3.803,00 €
4. Jahr	3	3.802,00 €	**1,00 €**
	36	**45.649,00 €**	

Buchung zu Beleg 11: Verkauf von Anlagevermögen bei Buchgewinn

Grundbuch

Datum/Nr.	Geschäftsfall	Konto Soll	Konto Haben	Betrag €	Betrag €
(1) 29.05.	Verkauf Pkw	Forderungen		23.800,00	
			Erlöse Anlagen-Verkauf		20.000,00
			Umsatzsteuer		3.800,00
(2)		Anlagen-Abgang		1,00	
			Pkw		1,00

T-Konten

S	Forderungen		H
(1)	23.800,00		

S	Erlöse Anl.-Verkauf		H
		(1)	20.000,00

S	Umsatzsteuer		H
		(1)	3.800,00

S	Anlagenabgänge		H
(2)	1,00		

S	Pkw		H
		(2)	1,00

DATEV-Buchungsliste (SKR 03)

Soll	Haben	B	USt	K	Gegen-konto-Nr.	Beleg-Nr.	Beleg-Datum	Konto-Nr.	Text	Skonto
23.800,00					8820	99453	29.05.	1410	Sternberg, Pkw-Verkauf	
	1,00				2315			0320		

DATEV-Buchungsliste (SKR 04)

Soll	Haben	B	USt	K	Gegen-konto-Nr.	Beleg-Nr.	Beleg-Datum	Konto-Nr.	Text	Skonto
23.800,00					4845	99453	29.05.	1210	Sternberg, Pkw-Verkauf	
	1,00				4855			0520		

MERKE

Zunächst muss ermittelt werden, ob sich durch den Verkauf ein Buchgewinn oder Buchverlust ergibt. Denn dadurch ergeben sich die entsprechenden Konten für den Anlagenabgang und den Erlös aus dem Verkauf des Anlagegegenstandes. Bei Buchgewinn sind die Kontenpaare 8820 und 2315 bzw. 4845 und 4855 zu verwenden.

Beleg 12: Verkauf von Anlagevermögen bei Buchverlust

Autohaus Sternberg

Autoreparatur
Inhaber Jürgen Sternberg
Eulenstraße 70
22763 Hamburg

Autohaus Sternberg, Eulenstraße 70, 22763 Hamburg

INTER-FASHION
Bekleidungsgroßhandel
Postfach 11 06
21451 Reinbek

Rechnung: 99853 vom: 29.12.20..
Kunden-Nr.: 11017 Debitor: 11017
Kunden-Berater: Jürgen Sternberg

Gebrauchtwagen-Kauf

Wir kauften von Ihnen am 28.12.20..:

1 gebrauchten Pkw Porsche 911,
Baujahr **1999**
Km-Stand **120500**
Kennzeichen **OD-IF 911**

zum Preis von	**10.000,00 €**
+ 19 % USt	**1.900,00 €**
zusammen	**11.900,00 €**

Unsere Steuernummer: 1234567890

Tel. 040 - 456 789 Fax: 040 - 456 788
www.auto-sternberg.de
IBAN: DE88 2001 0020 3359 5120 01

Anlagenkartei			
Konto:	0320/0520	Kontobezeichnung:	Pkw
Inventar-Nr.	61	Inventarbezeichnung:	Porsche 911 - OD-IF 911
AHK-Datum:	10.12.20.. (-2)	AfA-Beginn:	01.12.20.. (-2)
AHK-Kosten:	45.650,00 €	Voraussichtliche Nutzungsdauer:	3 Jahre = 36 Monate
AfA-Art	linear	AfA-%:	33 ⅓ %

Abschreibungsplan	Anzahl der Monate	Höhe der AfA	Buchwert
1. Jahr	9	1.269,00 €	44.381,00 €
2. Jahr	12	15.217,00 €	29.164,00 €
3. Jahr	12	15.217,00 €	13.947,00 €
	25	**31.703,00 €**	

Buchung zu Beleg 12: Verkauf von Anlagevermögen bei Buchverlust

Grundbuch

Datum/Nr.	Geschäftsfall	Konto Soll	Konto Haben	Betrag €	Betrag €
(1) 29.12.	Verkauf Pkw	Forderungen		11.900,00	
			Erlöse Anlagen-Verkauf		10.000,00
			Umsatzsteuer		1.900,00
(2)		Anlagen-Abgang		13.947,00	
			Pkw		13.947,00

T-Konten

S	Forderungen	H
(1) 11.900,00		

S	Erlöse Anl.-Verkauf	H
		(1) 10.000,00

S	Umsatzsteuer	H
		(1) 1.900,00

S	Anlagenabgänge	H
(2) 13.947,00		

S	Pkw	H
		(2) 13.947,00

DATEV-Buchungsliste (SKR 03)

Soll	Haben	B	USt	K	Gegen-konto-Nr.	Beleg-Nr.	Beleg-Datum	Konto-Nr.	Text	Skonto
11.900,00					8801	99853	29.12.	1410		
	13.947,00				2310			0320		

DATEV-Buchungsliste (SKR 04)

Soll	Haben	B	USt	K	Gegen-konto-Nr.	Beleg-Nr.	Beleg-Datum	Konto-Nr.	Text	Skonto
11.900,00					6885	99853	29.12.	1210		
	13.947,00				6895			0520		

MERKE

Zunächst muss ermittelt werden, ob sich durch den Verkauf ein Buchgewinn oder Buchverlust ergibt. Denn dadurch ergeben sich die entsprechenden Konten für den Anlagenabgang und den Erlös aus dem Verkauf des Anlagegegenstandes. Bei Buchverlust sind die Kontenpaare 8801 und 2310 bzw. 6885 und 6895 zu verwenden.

Beleg 13: Grundstückskauf

Wie lautet die Buchung?

Kontoauszug	Hamburger Bank, IBAN: DE17 2005 0550 1251 1234 00			
Kontonummer	Kontobezeichnung		Vortrag vom	Auszug Nr.
1251/123400	INTER-FASHION Bekleidungsgroßhandel		30.04.20..	80
			Saldovortrag	78.495,00 €
Buchungstag	Wertstellung	Erläuterungen	Belastungen/Gutschriften	
02. Mai	02.05.	Übw. H. Wippefürth,	90.000,00 €	
		Kaufpreis Grundstück Rathausstraße		
		lt. KV. v. 15.03.20..		
		Auszug vom: 02. Mai	Neuer Saldo	
		Ihr Dispo: 100.000,00 €		- 11.505,00 €

Bertholdt & Partner

Lübecker Straße 24 · 23843 Bad Oldesloe
Notare

ABSCHRIFT

Nr. 654323/11 der Urkundenrolle des Jahres 20..
Verhandelt in Bad Oldesloe am 15. März 20..

Vor mir, dem Bad Oldesloer Notar Dr. Jochen Bertholdt,

erschienen heute in meinem Büro, Lübecker Straße 24, 23843 Bad Oldesloe:

1. Kaufmann Hinnerk Wippefürth, Vertreter der Wippefürth GbR,
   Anschrift: Schulstraße 32, 21465 Reinbek, von Person bekannt,
   – Verkäufer
2. Kaufmann Tobias Münster,
   Inhaber der Firma Inter-Fashion, e. K., Bekleidungsgroßhandel, Im- und Export,
   Anschrift: Rathausstraße 32, 21465 Reinbek, von Person bekannt,
   – Käufer

Die Erschienenen zu 1 und 2 schlossen folgenden

Grundstückskaufvertrag

§1 Kaufgegenstand

1. Der Verkäufer verkauft dem Käufer folgenden Kaufgegenstand:
   - das in Anlage 1 näher bezeichnete und schraffierte unbebaute Flurstück in einer Größe von ca. 1.000 qm, eingetragen im Grundbuch von Reinbek, Flurstücksnummer/Blattnummer 5029/1351.11459, gelegen direkt neben dem Firmengrundstück des Käufers.

§2 Kaufpreis

2. Der Kaufpreis beträgt insgesamt 90.000,00 € (in Worten: neunzigtausend Euro).
3. Die Geld- und Grundstücksübergabe erfolgt Zug um Zug. Als Übergang von Nutzen und Lasten wird der 02.05.20.. vereinbart.

Reinbek, 15. März 20..

Unterschriften

gez. Dr. Bertholdt *gez. Hinnerk Wippefürth* *gez. Tobias Münster*

Buchung zu Beleg 13: Grundstückskauf

Grundbuch

Datum/Nr.	Geschäftsfall	Konto Soll	Konto Haben	Betrag Euro	Betrag Euro
02.05.	Überweisung Kaufpreis Grundstück Rathausstr.	Unbeb. Grundst.		90.000,00	
			Bank		90.000,00

T-Konten

S	Unbeb. Grundst.	H
90.000,00		

S	Bank	H
		90.000,00

DATEV-Buchungsliste (SKR 03)

Soll	Haben	B	USt	K	Gegen-konto-Nr.	Beleg-Nr.	Beleg-Datum	Konto-Nr.	Text	Skonto
	90.000,00				0865	80	02.05.	1200		

DATEV-Buchungsliste (SKR 04)

Soll	Haben	B	USt	K	Gegen-konto-Nr.	Beleg-Nr.	Beleg-Datum	Konto-Nr.	Text	Skonto
	90.000,00				0215	80	02.05.	1800		

Beleg 14: Anschaffungsnebenkosten Grundstückskauf

Wie lautet die Buchung?

Kontoauszug	**Hamburger Bank, IBAN: DE17 2005 0550 1251 1234 00**			
Kontonummer	Kontobezeichnung		Vortrag vom	Auszug Nr.
1251/123400	INTER-FASHION Bekleidungsgroßhandel		18.04.20..	69
			Saldovortrag	56.834,00 €
Buchungstag	Wertstellung	Erläuterungen	Belastungen/Gutschriften	
20. Apr	20.04.	Übw. Notariat Dr. Bertholdt & Partner	943,67 €	
		Kostenrechnung v. 11.04.20..		
		Re.-Nr. 20.04.2341		
		Auszug vom: 20. Apr	Neuer Saldo	
		Ihr Dispo: 100.000,00 €		55.890,33 €

Dr. Jochen Bertholdt · Rolf Rothe · Dr. Daniel Tetzlaff

Rechtsanwälte und Notare

Bertholdt & Partner, Lübecker Str. 24, 23843 Bad Oldesloe

Bekleidungsgroßhandel
INTER-FASHION
Inh.: Tobias Münster
Rathausstraße 32
21465 Reinbek

Notariat Lübecker Straße 24
23843 Bad Oldesloe

TELEFON: 04531 - 88 44 33 - 0
TELEFAX: 04531 - 88 44 33 10
www.bertholdtundpartner@oldesloe.com

Rechnungs-Nr.: 20.04.2341
Bei Zahlung bitte angeben
Datum: 11.04.20..

KOSTENRECHNUNG gemäß § 141, 154 KostO

Akte: 4712 TK
Münster, Tobias, KV
Objekt: Unbebautes Grundstück

UR-Nr. 912/20 K vom 11.04.20.. **Auflassung**

Geschäftswert in EUR	Paragrafen der Kostenordnung	Gegenstand der Gebühr	Höhe der Gebühr
90.000,00	§ 38II, 6a;39II;20/19	Beurkundung Kaufvertrag, Auflassung	738,00 €
	§ 136; 152 I	Schreibauslagen	10,00 €
	GB Auszug Abruf	Grundbuch-Abrufkosten	30,00 €
	§ 137; 152 II	Postdienstleistg. etc.	15,00 €
		Netto-Gesamtsumme	793,00 €
	§ 151 a	19 % Umsatzsteuer	150,67 €
		Rechnungsbetrag	**943,67 €**

Bertholdt
Dr. Jochen Bertholdt

STEUER-NR.: 30/1234-567 89
BITTE GEBEN SIE BEI ZAHLUNGEN DIE RECHNUNGSNUMMER AN !
Deutsche Bank: IBAN: DE76 2007 0024 0006 1143 80

Buchung zu Beleg 14: Anschaffungsnebenkosten Grundstückskauf

Grundbuch

Datum/Nr.	Geschäftsfall	Konto Soll	Konto Haben	Betrag Euro	Betrag Euro
20.04.	Lastschrift Notarkosten Grundstück Rathausstr.	Unbeb. Grundst.		943,67	
			Bank		943,67

T-Konten

S	Unbeb. Grundst.	H
793,00		

S	Vorsteuer	H
150,67		

S	Bank	H
		943,67

DATEV-Buchungsliste (SKR 03)

Soll	Haben	B	USt	K	Gegen-konto-Nr.	Beleg-Nr.	Beleg-Datum	Konto-Nr.	Text	Skonto
	943,67		9	0	0865	69	20.04.	1200		

DATEV-Buchungsliste (SKR 04)

Soll	Haben	B	USt	K	Gegen-konto-Nr.	Beleg-Nr.	Beleg-Datum	Konto-Nr.	Text	Skonto
	943,67		9	0	0215	69	20.04.	1800		

MERKE

Notarkosten gehören als Anschaffungsnebenkosten mit zu den Grundstückskosten und sind deshalb zu aktivieren.

9. Handel mit dem Ausland

Beleg 1: Innergemeinschaftliche Lieferung

a) Wie lautet die Buchung?

b) Welche umsatzsteuerlichen Besonderheiten sind zu beachten?

INTER-FASHION
BEKLEIDUNGSGROSSHANDEL
IM- UND EXPORT

Inh.: Tobias Münster • Rathausstr. 32 • 21465 Reinbek
Telefon (040) 7278337 • www.if-reinbek.de

INTER-FASHION, Postfach 11 06, 21451 Reinbek

Boutique Zwickel
Rue de la Motte 69
72059 Wissembourg
FRANKREICH

Kunden-Nr.:	**12.400**
Lieferschein-Nr.:	**0205091**
Rechnungs-Nr.:	**020612**
Datum:	**10.02.20..**
Unsere USt-Id-Nr.	**DE 1 4444 7781**

Rechnung

Vielen Dank für Ihren Auftrag!
Am 10.02.20.. erhielten Sie zu den Ihnen bekannten Lieferungs- und Zahlungsbedingungen:

Anzahl	Artikelbezeichnung	Einzel-Preis	Gesamt
100	Damenblusen „Trend“, sortiert nach den Größen 36 - 42	60,00 €	6.000,00 €
50	Jeans „Lewis“, verschiedene Größen	40,00 €	2.000,00 €
	Umsatzsteuerfreie Lieferung; Ihre USt-Id-Nr.: FR 50322790437		
			8.000,00 €

Zahlbar innerhalb von 30 Tagen netto Kasse

Unsere Steuernummer: 1234567890
Bankverbindung:
IBAN: DE17 2005 0550 1251 1234 00

Buchung zu Beleg 1: Innergemeinschaftliche Lieferung

a) **Grundbuch**

Datum/Nr.	Geschäftsfall	Konto Soll	Konto Haben	Betrag Euro	Betrag Euro
10.02.	AR an Unternehmen in Frankreich	Debitor Zwickel		8.000,00	
			St.-fr. innerg. Lieferungen		8.000,00

T-Konten

S	Debitor Zwickel	H
8.000,00		

S	st.-fr. i. g. Lieferg.	H
		8.000,00

DATEV-Buchungsliste (SKR 03)

Soll	Haben	B	USt	K	Gegen-konto-Nr.	Beleg-Nr.	Beleg-Datum	Konto-Nr.	Text	Skonto
	8.000,00			1	2400	020612	10.02.	8125		

DATEV-Buchungsliste (SKR 04)

Soll	Haben	B	USt	K	Gegen-konto-Nr.	Beleg-Nr.	Beleg-Datum	Konto-Nr.	Text	Skonto
	8.000,00			1	2400	020612	10.02.	4125		

b) Eine innergemeinschaftliche Lieferung ist gegeben, wenn auch der Käufer Unternehmer im Sinne des Umsatzsteuergesetzes ist, die Ware in das übrige Gemeinschaftsgebiet befördert oder versendet wird und der Käufer dem Verkäufer seine Umsatzsteuer-Identifikationsnummer nennt.

Eine innergemeinschaftliche Lieferung ist gemäß § 4 Nr. 1b UStG steuerfrei.

MERKE

Damit ein Umsatz in ein anderes EU-Land steuerfrei ist, müssen in der Rechnung die Umsatzsteuer-Identifikationsnummern von Käufer und Verkäufer angegeben sein.

Beleg 2: Großer Versandhandel

Wie lautet die Buchung?

INTER-FASHION
BEKLEIDUNGSGROSSHANDEL
IM- UND EXPORT

Inh.: Tobias Münster • Rathausstr. 32 • 21465 Reinbek
Telefon (040) 7278337 • www.if-reinbek.de

INTER-FASHION, Postfach 11 06, 21451 Reinbek

Pani
Maria Walorska
4-940 WARSZAWA
POLEN

Kunden-Nr.:	**12.200**
Lieferschein-Nr.:	**999988**
Rechnungs-Nr.:	**020748**
Datum:	**14.02.20..**
Unsere USt-Id-Nr.	**DE 1 4444 7781**

Rechnung

Vielen Dank für Ihren Auftrag!
Tag der Lieferung 14.02.20..

Anzahl	Artikelbezeichnung	Einzel-Preis	Gesamt
1	Damenblusen „Trend“, Größe 42	49,99 €	49,99 €
1	Jeans „Lewis“, Größe 42	29,99 €	29,99 €
			79,98 €

Die Lieferschwelle für Polen wird überschritten!

Buchung zu Beleg 2: Großer Versandhandel

Grundbuch

Datum/Nr.	Geschäftsfall	Konto Soll	Konto Haben	Betrag Euro	Betrag Euro
14.02.	Verkauf an Privatkundin in Polen	Debitor Walorska.		79,98	
			Erl. a. im and. EU-Land stpfl. Lief.		65,03
			USt. i. and. EU-Land		14,95

T-Konten

S	Debitor Walorska	H
79,98		

S	Erl., stpfl. i. Polen	H
		65,03

S	USt. Polen	H
		14,95

DATEV-Buchungsliste (SKR 03)

Soll	Haben	B	USt	K	Gegen-konto-Nr.	Beleg-Nr.	Beleg-Datum	Konto-Nr.	Text	Skonto
	79,98	1	0	1	2200	020748	14.02.	8320		

DATEV-Buchungsliste (SKR 04)

Soll	Haben	B	USt	K	Gegen-konto-Nr.	Beleg-Nr.	Beleg-Datum	Konto-Nr.	Text	Skonto
	7998	1	0	1	2200	020748	14.02.	4320		

MERKE

Da INTER-FASHION die Lieferschwelle für Polen überschritten hat (160.000 Zloty = ca. 37.000 €), ist der Umsatz in Polen mit 23 % polnischer Umsatzsteuer zu versteuern. Durch Eingabe des Steuerschlüssels 10 wird in der Buchungsmaske bei DATEV ein Fenster geöffnet, in das der zutreffende Steuersatz für das jeweilige EU-Land einzutragen ist, hier also 23 %. Die automatisch berechnete und in Polen zu zahlende Umsatzsteuer erscheint dann auf dem Konto 1767 bzw. 3817.

Beleg 3: Kleiner Versandhandel

Wie lautet die Buchung?

INTER-FASHION

BEKLEIDUNGSGROSSHANDEL
IM- UND EXPORT

Inh.: Tobias Münster • Rathausstr. 32 • 21465 Reinbek
Telefon (040) 7278337 • www.if-reinbek.de

INTER-FASHION, Postfach 11 06, 21451 Reinbek

Pani
Maria Walorska
4-940 WARSZAWA
POLEN

Kunden-Nr.:	**12.200**
Lieferschein-Nr.:	**999988**
Rechnungs-Nr.:	**02748**
Datum:	**14.02.20..**
Unsere USt-Id-Nr.	**DE 1 4444 7781**

Rechnung

Vielen Dank für Ihren Auftrag!
Tag der Lieferung 14.02.20..

Anzahl	Artikelbezeichnung	Einzel-Preis	Gesamt
1	Damenblusen „Trend“, Größe 42	49,99 €	49,99 €
1	Jeans „Lewis“, Größe 42	29,99 €	29,99 €
			79,98 €

Die Lieferschwelle für Polen wird nicht überschritten!

Buchung zu Beleg 3: Kleiner Versandhandel

Grundbuch

Datum/Nr.	Geschäftsfall	Konto Soll	Konto Haben	Betrag Euro	Betrag Euro
14.02.	Verkauf an Privatkundin in Polen	Debitor Walorska		79,98	
			Erl. a. im Inland stpfl. EU-Lieferungen		67,21
			USt. aus in Inland st-pfl. EU-Lieferg.		12,77

T-Konten

S	Debitor Walorska	H
79,98		

S	Erl. a. stpfl. EU-Ums.	H
		67,21

S	USt. a. stpf. EU-Lief.	H
		12,77

DATEV-Buchungsliste (SKR 03)

Soll	Haben	B	USt	K	Gegen-konto-Nr.	Beleg-Nr.	Beleg-Datum	Konto-Nr.	Text	Skonto
	79,98			1	2200	02748	14.02.	8315		

DATEV-Buchungsliste (SKR 04)

Soll	Haben	B	USt	K	Gegen-konto-Nr.	Beleg-Nr.	Beleg-Datum	Konto-Nr.	Text	Skonto
	79,98			1	2200	02748	14.02.	4315		

MERKE

INTER-FASHION überschreitet die Lieferschwelle für Polen nicht. Es ist in diesem Fall auch nicht sinnvoll, für eine Besteuerung in Polen zu optieren, da der Steuersatz in Polen 23 % gegenüber 19 % in Deutschland beträgt.

Beleg 4: Ausfuhrlieferung

Wie lautet die Buchung?

INTER-FASHION
BEKLEIDUNGSGROSSHANDEL
IM- UND EXPORT

Inh.: Tobias Münster • Rathausstr. 32 • 21465 Reinbek
Telefon (040) 7278337 • www.if-reinbek.de

INTER-FASHION, Postfach 11 06, 21451 Reinbek

MFO IMPORT & EXPORT
12 Hohlgasse. Dübendorf
8600 Zürich
SCHWEIZ

Kunden-Nr.:	**11.125**
Lieferschein-Nr.:	**030722**
Rechnungs-Nr.:	**031452**
Datum:	**22.03.20..**
Unsere USt-Id-Nr.	**DE 1 4444 7781**

Rechnung

Vielen Dank für Ihren Auftrag!
Am 21.03.20.. erhielten Sie zu den Ihnen bekannten Lieferungs- und Zahlungsbedingungen:

Anzahl	Artikelbezeichnung	Einzel-Preis	Gesamt
8.000	Damenblusen, unsortiert, verschiedene Muster und Größen	6,00 €	48.000,00 €
12.000	Jeans, unsortiert, verschiedene Größen	10,00 €	120.000,00 €
	Unsatzsteuerfreie Lieferung gem. § 4 Nr. 1a UStG i. V. m. § 6 Abs. 1 Nr. 1 UStG		
			168.000,00 €

Zahlbar innerhalb von 30 Tagen netto Kasse

Unsere Steuernummer: 1234567890
Bankverbindung:
IBAN: DE17 2005 0550 1251 1234 00

Buchung zu Beleg 4: Ausfuhrlieferung

Grundbuch

Datum/Nr.	Geschäftsfall	Konto Soll	Konto Haben	Betrag Euro	Betrag Euro
22.03.	Ausgangsrechnung	Debitor MFO		168.000,00	
			St.fr. Umsätze		168.000,00

T-Konten

S	Debitor MFO	H
168.000,00		

S	st. fr. Umsätze	H
		168.000,00

DATEV-Buchungsliste (SKR 03)

Soll	Haben	B	USt	K	Gegen-konto-Nr.	Beleg-Nr.	Beleg-Datum	Konto-Nr.	Text	Skonto
	168.000,00			1	1125	031452	22.03.	8120		

DATEV-Buchungsliste (SKR 04)

Soll	Haben	B	USt	K	Gegen-konto-Nr.	Beleg-Nr.	Beleg-Datum	Konto-Nr.	Text	Skonto
	168.000,00			1	1125	031452	22.03.	4120		

Beleg 5: Innergemeinschaftlicher Erwerb

Wie lautet die Buchung?

Brunetty
herrenmoden

Inh. Guildo Brunetty
Via San Vincenzo 39 • 39100 Bozen
Telefon (0039) 085 721 354 • www.guildo-brunetty.it

Brunetty-herrenmoden, Via San Vincenzo 39, 39100 Bozen (Italien)

INTER-FASHION
Bekleidungsgroßhandel
Im- und Export
Postfach 11 06
D-21451 Reinbek

Auftrags-Nr.	Tag der Lieferung	Kunden-Nr.	Rechnungs-Datum
237688	26.06.20..	32476	26.06.20..

Rechnung Nr. 020422

Wir lieferten Ihnen am 26.06.20.. frei Haus:

Menge	Artikel	Einzel-Preis	Gesamt
50	Herrenhosen, 100 % Baumwolle, Sondermodell Traveler, sortiert, Größen 46 - 56	80,00 €	4.000,00 €
10	Sakkos, reine Schurwolle, Modell „Italia", Farbe bordeaux, Größen 48 - 52	250,00 €	2.500,00 €
	Warenwert netto		6.500,00 €
	20 % IVA	**umsatzsteuerfrei**	-
	Ihre USt-Id-Nr. DE 144447781		
	Rechnungsbetrag		6.500,00 €

Wir danken Ihnen für Ihren Auftrag!

Der Betrag ist zahlbar innerhalb von 30 Tagen netto Kasse
auf unser Konto IBAN: IT19 2225 1000 0077 1245 48

P.IVA IT 00122260219

Buchung zu Beleg 5: Innergemeinschaftlicher Erwerb

Grundbuch

Datum/Nr.	Geschäftsfall	Konto Soll	Konto Haben	Betrag Euro	Betrag Euro
(1) 26.06.	ER Brunetty, Italien	i.g. Erwerb		6.500,00	
			Kreditor Brunetty		6.500,00
(2) 26.06.	USt.-Buchung	Vorsteuer		1.235,00	
			Umsatzsteuer		1.235,00

T-Konten

S	i. g. Erwerb		H
(1)	6.500,00		

S	Kreditor Brunetty		H
		(1)	6.500,00

S	Vorsteuer		H
(2)	1.235,00		

S	Umsatzsteuer		H
		(2)	1.235,00

DATEV-Buchungsliste (SKR 03)

Soll	Haben	B	USt	K	Gegen-konto-Nr.	Beleg-Nr.	Beleg-Datum	Konto-Nr.	Text	Skonto
6.500,00				7	0110	020422	26.06.	3425		

DATEV-Buchungsliste (SKR 04)

Soll	Haben	B	USt	K	Gegen-konto-Nr.	Beleg-Nr.	Beleg-Datum	Konto-Nr.	Text	Skonto
6.500,00				7	0110	020422	26.06.	5425		

MERKE

Gemäß § 1a Abs. 1 UStG liegt ein innergemeinschaftlicher Erwerb vor, da sowohl von Fa. Brunetty als auch von INTER-FASHION die USt-ID-Nummern in der Rechnung angegeben sind. Für den Verkäufer Brunetty ist der Umsatz in Italien umsatzsteuerfrei. Für INTER-FASHION ist der Wareneinkauf in Deutschland umsatzsteuerpflichtig. Allerdings kann sich INTER-FASHION die Umsatzsteuer als Vorsteuer wieder abziehen, da INTER-FASHION vorsteuerabzugsberechtigt ist.

Die Buchung „Vorsteuer an Umsatzsteuer" wird von DATEV automatisch erzeugt und muss nicht zusätzlich eingegeben werden.

Beleg 6: Einfuhr

Wie lautet die Buchung?

CH Outdoor-Kleidung
Import – Export

Inhaber: Christian Hoppenstehl

Zürich

Ch Outdoor-Kleidung, Postfach, 8600 Zürich 4

INTER FASHION
Bekleidungsgroßhandel
Im- und Export
Postfach 11 06
DE 21451 REINBEK
Allemagne

Amselweg 17-19
8624 Zürich

Tel.: 044/22 44 66 00
Fax: 044/22 44 66 09

ch.outdoor@gmail.com
www.ch-outdoor.ch

Kd.-Nr.: 10823
Re.-Datum: 25.02.20..
Lief.-Datum: 25.02.20..

Rechnung Nr. 092049

Wir lieferten Ihnen „unverzollt und unversteuert“ ab Zürich:

Menge	Artikelbezeichnung	Einzel-Preis	Gesamt
1.000	Ultralight-Outdoor-Jacken, in der Schweiz genäht, ohne Schadstoffe, Sondermodell Traveller, sortiert, verschieden Größen	22,00 €	22.000,00 €
1.000	Ultralight-Fahrradhosen, wasserdicht, in der Schweiz hergestellt, Sondermodell Traveller, sortiert, verschiedene Größen	19,00 €	19.000,00 €
	Warenwert		**41.000,00 €**
	MWST.		0,00 €
	Gesamtbetrag		**41.000,00 €**
	(steuerbefreit nach Art. 23 Nr. 1 MWSTG.)		

Vielen Dank für Ihren Auftrag!
Bitte zahlen Sie den Gesamtbetrag innerhalb von 7 Tagen rein netto auf das untenstehende Konto.

Bankverbindung:
Züricher Kantonalbank
IBAN: CH31 8123 9000 0012 4568 9
BIC/SWIFT: ZKBKCHZZ80A

Buchung zu Beleg 6: Einfuhr

Grundbuch

Datum/Nr.	Geschäftsfall	Konto Soll	Konto Haben	Betrag Euro	Betrag Euro
25.02.	Einfuhr von Waren aus Zürich (Schweiz)	Steuerfreie Einfuhren		41.000,00	
			Kreditor Outdoor		41.000,00

T-Konten

S	St.fr. Einfuhren	H
41.000,00		

S	Kreditor Outdoor	H
		41.000,00

DATEV-Buchungsliste (SKR 03)

Soll	Haben	B	USt	K	Gegen-konto-Nr.	Beleg-Nr.	Beleg-Datum	Konto-Nr.	Text	Skonto
41.000,00				7	0200	092049	25.02.	3559		

DATEV-Buchungsliste (SKR 04)

Soll	Haben	B	USt	K	Gegen-konto-Nr.	Beleg-Nr.	Beleg-Datum	Konto-Nr.	Text	Skonto
41.000,00				7	0200	092049	25.02.	5559		

MERKE

Die Ware wurde von Outdoor-Kleidung ab Zürich „unverzollt und unversteuert" geliefert.
Um den Transport und die Abfertigung muss sich Fa. INTER-FASHION kümmern, siehe Beleg 7, nächste Seite.
Somit wird die Ware zunächst als steuerfreie Einfuhr behandelt.

Beleg 7: Einfuhrabgaben

Wie lautet die Buchung?

Rudolf Walterbek
Internationale Spedition - Lagerhaus

Rudolf Walterbek, Am Wiesengrund 13, 30175 Hannover

INTER-FASHION
Bekleidungsgroßhandel
Im- und Export
Postfach 11 06
21451 Reinbek

Sitz:	Lagerstraße 147 30453 Hannover
Telefon:	0511/ 41 55 55 0
Fax:	0511/41 55 55 66
E-Mail:	Walterbek-Spedition@walterbek.de
Internet:	www.walterbek.de
USt.Id.-Nr.:	DE 259345753

Ihre Zeichen,	Unsere Zeichen,	Hannover
Ihre Nachricht vom	unsere Nachricht vom	26.05.20..

Rechnung Nr. 354529

Tag der erbrachten Dienstleistung: 25.05.20..

Wir erbrachten für Sie folgende Dienstleistungen

Pos.	Menge	Einheiten	Bezeichnung	BMG in EUR	Summe EUR
1	3	Paletten	Transport von CH-Outdoorkleidg.		
			Zürich bis Zollgrenze		50,00
			Zollgrenze bis Reinbek		250,00
2			Vorlageprovision		40,00
3			Abfertigungspauschale Grenze		60,00
			erbrachte Leistungen[1)]		**400,00**
			verauslagte Beträge:		
			Ab-Werk-Rechnungsbetrag	41.000,00	
			+ Transportkosten bis Grenze	50,00	
			Zollwert	**41.050,00**	
			Zoll	12,00 %	
			Zollbetrag		**4.926,00**
			Zollwert	**41.050,00**	
			Zollbetrag	4.926,00	
			Transportkosten Inland	250,00	
			Vorlageprovision	40,00	
			Abfertigungspauschale	60,00	
			zusammen	**46.326,00**	
			EUSt. 19 %		**8.801,94**
			Rechnungsbetrag		**14.127,94**

Zahlbar nach Erhalt der Rechnung netto Kasse.

1) umsatzsteuerfrei n. § 4 S. 1 Nr: 3 Buchst. a) Doppelbuchst. bb) UStG

Kreissparkasse Hannover
IBAN: DE51 2505 0299 0000 0805 55
BIC: SPKADEH2XXXErfüllungsort und Gerichtsstand für beide Teile Hannover

Buchung zu Beleg 7: Einfuhrabgaben

Grundbuch

Datum/Nr.	Geschäftsfall	Konto Soll	Konto Haben	Betrag Euro	Betrag Euro
26.02.	ER Spedition Walterbek	Bezugskosten		400,00	
		Zölle u. Einfuhrabgaben		4.926,00	
		Entstandene EUSt.		8.801,94	
			Kredit. Walterbek		14.127,94

T-Konten

S	Bezugskosten	H
400,00		

S	Zölle, Einf-Abg.	H
4.926,00		

S	Entstandene EUSt.	H
8.801,94		

S	Kredit. Walterbek	H
		14.127,94

DATEV-Buchungsliste (SKR 03)

Soll	Haben	B	USt	K	Gegen-konto-Nr.	Beleg-Nr.	Beleg-Datum	Konto-Nr.	Text	Skonto
	400,00				3800	354529	26.02.	72230		
	4.926,00				3850					
	8.801,94				1588					

DATEV-Buchungsliste (SKR 04)

Soll	Haben	B	USt	K	Gegen-konto-Nr.	Beleg-Nr.	Beleg-Datum	Konto-Nr.	Text	Skonto
	400,00				5800	354529	26.02.	72230		
	4.926,00				5840					
	8.801,94				1433					

MERKE

Gemäß § 1 Abs. Nr. 4 UstG handelt es sich bei der Einfuhr um einen steuerbaren Umsatz, der der Einfuhrumsatzsteuer (EUSt) unterliegt. Die EUSt wird nicht vom Finanzamt, sondern von der Zollverwaltung rhoben und ist von demjenigen zu entrichten, der die Einfuhr erbringt (hier Fa. Walterbek).

Nach § 11 Abs. 3 UstG sind dem Zollwert die Einfuhrabgaben, Steuern und sonstigen Abgaben hinzuzurechnen (vgl. § 11 Abs. 3 Nr. 1 UstG), ebenso wie Vermittlungskosten und die Kosten der Beförderung bis zum ersten Bestimmungsort im Gemeinschaftsgebiet (hier INTER-FASHION, Reinbek).

Beleg 8: Wareneinkauf aus Drittland „verzollt und versteuert“

Wie lautet die Buchung?

CH Outdoor-Kleidung
Import – Export
Inhaber: Christian Hoppenstehl

Zürich

Ch Outdoor-Kleidung, Postfach, 8600 Zürich 4

INTER FASHION
Bekleidungsgroßhandel
Im- und Export
Postfach 11 06
DE 21451 REINBEK
Allemagne

Amselweg 17-19
8624 Zürich

Tel.: 044/22 44 66 00
Fax: 044/22 44 66 09

ch.outdoor@gmail.com
www.ch-outdoor.ch

Kd.-Nr.: 10823
Re.-Datum: 25.02.20..
Lief.-Datum: 25.02.20..

Rechnung Nr. 1010085

Deutsche St.-Nr. 28/128/02325

Wir lieferten Ihnen „verzollt und versteuert“ frei Reinbek:

Menge	Artikelbezeichnung	Einzel-Preis	Gesamt
1.000	Ultralight-Outdoor-Jacken, in der Schweiz genäht, ohne Schadstoffe, Sondermodell Traveller, sortiert, verschiedene Größen	25,00 €	25.000,00 €
1.000	Ultralight-Fahrradhosen, wasserdicht, in der Schweiz hergestellt, Sondermodell Traveller, sortiert, verschiedene Größen	22,00 €	22.000,00 €
	Warenwert		**47.000,00 €**
	Umsatzsteuer	**19 %**	8.930,00 €
	Gesamtbetrag		**55.930,00 €**

Vielen Dank für Ihren Auftrag!
Bitte zahlen Sie den Gesamtbetrag innerhalb von 7 Tagen rein netto auf das untenstehende Konto.

Bankverbindung:
Züricher Kantonalbank
IBAN: CH31 8123 9000 0012 4568 9
BIC/SWIFT: ZKBKCHZZ80A

Buchung zu Beleg 8: Wareneinkauf aus Drittland „verzollt und versteuert“

Grundbuch

Datum/Nr.	Geschäftsfall	Konto Soll	Konto Haben	Betrag Euro	Betrag Euro
25.02.	ER CH Outdoor	Wareneingang		47.000,00	
		Vorsteuer		8.930,00	
			Kredit. CH Outdoor		55.930,00

T-Konten

S	Wareneingang	H
47.000,00		

S	Vorsteuer	H
8.930,00		

S	Kredit. CH Outdoor	H
		55.930,00

DATEV-Buchungsliste (SKR 03)

Soll	Haben	B	USt	K	Gegen-konto-Nr.	Beleg-Nr.	Beleg-Datum	Konto-Nr.	Text	Skonto
55.930,00				7	0200	1010085	25.02.	3400		

DATEV-Buchungsliste (SKR 04)

Soll	Haben	B	USt	K	Gegen-konto-Nr.	Beleg-Nr.	Beleg-Datum	Konto-Nr.	Text	Skonto
55.930,00				7	0200	1010085	25.02.	5400		

MERKE

Lt. Rechnung bzw. Kaufvertrag liefert CH Outdoor die Waren „verzollt und versteuert“ „frei Reinbek“. Dadurch muss sich INTER-FASHION um nichts kümmern, der Rechnungsbetrag ist der Endbetrag einschließlich aller Abgaben und Transportkosten.

Für die Firma CH Outdoor-Kleidung liegt in Deutschland zunächst eine Einfuhr vor, für die sie die deutsche EUSt schuldet. Der Ort der Lieferung wird dadurch nach Deutschland verlegt, weshalb der Umsatz für CH Outdoor-Kleidung in Deutschland umsatzsteuerpflichtig ist gemäß § 3 Abs. 8 UStG, weshalb von CH Outdoor in der Rechnung deutsche Umsatzsteuer in Rechnung gestellt wird.

Für INTER-FASHION liegt somit eine ganz normale Eingangsrechnung mit inländischer Umsatzsteuer vor.

10. Jahresabschluss

Beleg 1: Telefonrechnung Dezember 20.. für Dezember 20.., Überweisung Januar 20.. (+1)

Wie lautet die Buchung bei Einbuchung der Rechnung per 28.12.20.. und bei Bezahlung am 08.01.20.. (+1) vom HAMBA-Bankkonto?

Ihre Rechnung

H Com

Hamburger Telekom AG
22787 Hamburg

578/11/025887/23/22679 | **12.20.. 0,80 €**

Firma
INTER-FASHION
Bekleidungsgroßhandel
Postfach 11 06
21451 Reinbek

Datum	28.12.20..
Seite	1 von 3
Kundennummer	1450280904
Rechnungsnummer	12658741
Buchungskonto	4757120924
Haben Sie noch Fragen zu Ihrer Rechnung?	Sie erreichen Ihren Kundenservice kostenfrei unter
Telefon	freecall 0800 330 1020
Telefax	freecall 0800 330 1029
E-Mail	**Hamburger.telekom.de**

Ihre Rechnung für Dezember 20..

Die Leistungen im Überblick (Summen)	**Beträge (Euro)**
Komplettpaket mit Allnet-Flat	
Business Tarif für Gewerbekunden **Internet-Flatrate** mit bis zu 50 MBit/s Downstream und 10 MBit/s Upstream **Telefon-Flatrate** in das deutsche Festnetz **Telefon-Flatrate** in alle deutschen Mobilfunknetze **Auslands-Flat** in das Festnetz von 18 Ländern weltweit Feste IP-Adresse Vor-Ort-Service 8h Entstörzeit	73,18 €
Netto	73,18 €
19 % Umsatzsteuer	13,90 €
Rechnungsbetrag	**87,08 €**

Der Rechnungsbetrag wird nicht vor dem 7. Tag nach Zugang der Rechnung von Ihrem Konto IBAN: DE17 2005 0550 1251 1234 00 abgebucht.

Ihre Rechnung im Detail und weitere Hinweise finden Sie auf der Rückseite und den folgenden Seiten.

Vielen Dank!

Postanschrift	Hamburger Telekom 22787 Hamburg
Bankverbindung	IBAN: DE68 7002 0270 0667 3022 69
Steuernummer	205/5777/0518

Buchung zu Beleg 1: Telefonrechnung Dezember 20.. für Dezember 20.., Überweisung Januar 20.. (+1)

Grundbuch 28.12.20..

Datum/Nr.	Geschäftsfall	Konto Soll	Konto Haben	Betrag Euro	Betrag Euro
28.12.	Rechnung Hamburger Telekom für Dezember	Telefonaufwendg.		73,18	
		Vorsteuer		13,90	
			Verbindlichk.		87,08

T-Konten

S	Telefon-Aufw.	H
73,18		

S	Vorsteuer	H
13,90		

S	Verbindlichk.	H
		87,08

DATEV-Buchungsliste (SKR 03)

Soll	Haben	B	USt	K	Gegen-konto-Nr.	Beleg-Nr.	Beleg-Datum	Konto-Nr.	Text	Skonto
	87,08		9	0	4920		28.12.	1610		

DATEV-Buchungsliste (SKR 04)

Soll	Haben	B	USt	K	Gegen-konto-Nr.	Beleg-Nr.	Beleg-Datum	Konto-Nr.	Text	Skonto
	87,08		9	0	6805		28.12.	3310		

MERKE

Da die Telefonaufwendungen wirtschaftlich in das alte Wirtschaftsjahr gehören, müssen sie im alten Jahr erfasst werden. Die Vorsteuer ist bereits im Dezember abzugsfähig, da die Rechnung im Dezember vorliegt und die Leistung bereits erbracht wurde (vgl. § 15 Abs. 1 UStG).

Grundbuch 08.01.20..(+1)

Datum/Nr.	Geschäftsfall	Konto Soll	Konto Haben	Betrag Euro	Betrag Euro
08.01.	Übw. Hamb. Telekom für Rechng. Dezember	Verbindlichkeiten		87,08	
			HAMBA		87,08

T-Konten

S	Verbindlichk.	H
87,08		

S	HAMBA	H
		87,08

DATEV-Buchungsliste (SKR 03)

Soll	Haben	B	USt	K	Gegen-konto-Nr.	Beleg-Nr.	Beleg-Datum	Konto-Nr.	Text	Skonto
	87,08				1610		08.01.	1200		

DATEV-Buchungsliste (SKR 04)

Soll	Haben	B	USt	K	Gegen-konto-Nr.	Beleg-Nr.	Beleg-Datum	Konto-Nr.	Text	Skonto
	87,08				3310		08.01.	1800		

Beleg 2: Telefonrechnung aus Januar 20.. (+1) für Dezember 20..

Wie lautet die Buchung per 31.12.?

H Com

Ihre Rechnung

Hamburger Telekom AG
22787 Hamburg

578/11/025887/23/22679 | **01.20.. (+1).. 0,80 €**

Datum	03.01.20.. (+1)
Seite	1 von 3
Kundennummer	1450280904
Rechnungsnummer	01102154
Buchungskonto	4757120924
Haben Sie noch Fragen zu Ihrer Rechnung?	Sie erreichen Ihren Kundenservice kostenfrei unter
Telefon	freecall 0800 330 1020
Telefax	freecall 0800 330 1029
E-Mail	**Hamburger.telekom.de**

Firma
INTER-FASHION
Bekleidungsgroßhandel
Postfach 11 06
21451 Reinbek

Ihre Rechnung für Dezember 20..

Die Leistungen im Überblick (Summen)	**Beträge (Euro)**
Komplettpaket mit Allnet-Flat	
Business Tarif für Gewerbekunden **Internet-Flatrate** mit bis zu 50 MBit/s Downstream und 10 MBit/s Upstream **Telefon-Flatrate** in das deutsche Festnetz **Telefon-Flatrate** in alle deutschen Mobilfunknetze **Auslands-Flat** in das Festnetz von 18 Ländern weltweit Feste IP-Adresse Vor-Ort-Service 8h Entstörzeit	73,18 €
Netto	73,18 €
19 % Umsatzsteuer	13,90 €
Rechnungsbetrag	**87,08 €**

Der Rechnungsbetrag wird nicht vor dem 7. Tag nach Zugang der Rechnung von Ihrem Konto IBAN: DE17 2005 0550 1251 1234 00 abgebucht.

Ihre Rechnung im Detail und weitere Hinweise finden Sie auf der Rückseite und den folgenden Seiten.

Vielen Dank!

Postanschrift	Hamburger Telekom 22787 Hamburg
Bankverbindung	IBAN: DE68 7002 0270 0667 3022 69
Steuernummer	205/5777/0518

Buchung zu Beleg 2: Telefonrechnung aus Januar 20.. (+1) für Dezember 20..

Grundbuch

Datum/Nr.	Geschäftsfall	Konto Soll	Konto Haben	Betrag Euro	Betrag Euro
31.12.	Rechnung Hamburger Telekom für Dezember	Telefonaufwendg.		73,18	
		Vorsteuer Folgejahr		13,90	
			Verbindlichk.		87,08

T-Konten

S	Telefon-Aufw.	H
	73,18	

S	Vorsteuer Folgejahr	H
	13,90	

S	Verbindlichk.	H
		87,08

DATEV-Buchungsliste (SKR 03)

Soll	Haben	B	USt	K	Gegen-konto-Nr.	Beleg-Nr.	Beleg-Datum	Konto-Nr.	Text	Skonto
	73,18				4920		31.12.	1610		
	13,90				1548					

DATEV-Buchungsliste (SKR 04)

Soll	Haben	B	USt	K	Gegen-konto-Nr.	Beleg-Nr.	Beleg-Datum	Konto-Nr.	Text	Skonto
	73,18				6805		31.12.	3310		
	13,90				1434					

MERKE

Da die Telefonaufwendungen wirtschaftlich in das alte Jahr gehören, müssen sie im alten Jahr erfasst werden.

Die Vorsteuer ist allerdings erst im Januar des Folgejahres abzugsfähig, da zwar die Leistungen im alten Jahr bereits erbracht wurden, die Rechnung jedoch das Datum des neuen Jahres trägt und somit im Dezember noch nicht vorlag (vgl. § 15 Abs. 1 UStG).

Beleg 3: Banküberweisung für Telefonrechnung aus Januar 20.. (+1) für Dezember 20..

Wie lautet die Buchung?

Kontoauszug	Hamburger Bank, IBAN: DE17 2005 0550 1251 1234 00			
Kontonummer	Kontobezeichnung		Vortrag vom	Auszug Nr.
1251/123400	INTER-FASHION Bekleidungsgroßhandel		17.01.20..	7
			Saldovortrag	22.123,00 €
Buchungstag	Wertstellung	Erläuterungen	Belastungen/Gutschriften	
18. Jan.	18.01.	ÜBW Hamburger Telekom	87,08 €	
		Re. v. 03.01.		
		Auszug vom: 18. Jan	Neuer Saldo	
		Ihr Dispo: 100.000,00 €		22.035,92 €

H Com

Ihre Rechnung

Hamburger Telekom AG
22787 Hamburg

578/11/025887/23/22679 | **01.20.. (+1).. 0,80 €**

Datum	03.01.20.. (+1)
Seite	1 von 3
Kundennummer	1450280904
Rechnungsnummer	01102154
Buchungskonto	4757120924
Haben Sie noch Fragen zu Ihrer Rechnung?	Sie erreichen Ihren Kundenservice kostenfrei unter
Telefon	freecall 0800 330 1020
Telefax	freecall 0800 330 1029
E-Mail	**Hamburger.telekom.de**

Firma
INTER-FASHION
Bekleidungsgroßhandel
Postfach 11 06
21451 Reinbek

Ihre Rechnung für Dezember 20..

Die Leistungen im Überblick (Summen)	**Beträge (Euro)**
Komplettpaket mit Allnet-Flat	
Business Tarif für Gewerbekunden **Internet-Flatrate** mit bis zu 50 MBit/s Downstream und 10 MBit/s Upstream **Telefon-Flatrate** in das deutsche Festnetz **Telefon-Flatrate** in alle deutschen Mobilfunknetze **Auslands-Flat** in das Festnetz von 18 Ländern weltweit Feste IP-Adresse Vor-Ort-Service 8h Entstörzeit	73,18 €
Netto	73,18 €
19 % Umsatzsteuer	13,90 €
Rechnungsbetrag	**87,08 €**

Der Rechnungsbetrag wird nicht vor dem 7. Tag nach Zugang der Rechnung von Ihrem Konto IBAN: DE17 2005 0550 1251 1234 00 abgebucht.

Ihre Rechnung im Detail und weitere Hinweise finden Sie auf der Rückseite und den folgenden Seiten.

Vielen Dank!

Postanschrift	Hamburger Telekom · 22787 Hamburg
Bankverbindung	IBAN: DE68 7002 0270 0667 3022 69
Steuernummer	205/5777/0518

Buchung zu Beleg 3: Banküberweisung für Telefonrechnung aus Januar 20.. (+1) für Dezember 20..

Grundbuch

Datum/Nr.	Geschäftsfall	Konto Soll	Konto Haben	Betrag Euro	Betrag Euro
18.01.	Übw. HHer Telekom	Verbindlichkeiten		87,08	
			HAMBA		87,08
	Umb. Vorsteuer	Vorsteuer		13,90	
			Vorst. Folgej..		13,90

T-Konten

S	Verbindlichkeiten	H
	87,08	

S	HAMBA	H
		87,08

S	Vorsteuer	H
	13,90	

S	Vorsteuer Folgejahr	H
AB	13,90	13,90

DATEV-Buchungsliste (SKR 03)

Soll	Haben	B	USt	K	Gegen-konto-Nr.	Beleg-Nr.	Beleg-Datum	Konto-Nr.	Text	Skonto
	87,08				1610		18.01.	1200		
	13,90				1576			1548		

DATEV-Buchungsliste (SKR 04)

Soll	Haben	B	USt	K	Gegen-konto-Nr.	Beleg-Nr.	Beleg-Datum	Konto-Nr.	Text	Skonto
	87,08				3310		18.01.	1800		
	13,90				1406			1434		

MERKE

Die Leistung wurde bereits im Dezember des Vorjahres erbracht, jedoch lag die Rechnung im Dezember noch nicht vor. Deshalb war die Vorsteuer im Dezember noch nicht abzugsfähig. Da nunmehr die Rechnung vorliegt, ist die Vorsteuer abzugsfähig.

Beleg 4: Banküberweisung Büromiete im Januar 20.. (+1) für Dezember 20..

a) Wie lautet die Buchung per 31.12.20..?

b) Wie lautet die Buchung per 02.01.20.. (+1)?

Kontoauszug	**Hamburger Bank, IBAN: DE17 2005 0550 1251 1234 00**			
Kontonummer	Kontobezeichnung		Vortrag vom	Auszug Nr.
1251/123400	INTER-FASHION Bekleidungsgroßhandel		31.12.20..	1
			Saldovortrag	35.000,00 €
Buchungstag	Wertstellung	Erläuterungen	Belastungen/Gutschriften	
02. Jan	02.01.	ÜBW Büromiete Dez. 20..	2.380,00 €	
		2.000,00 € + 19 % USt		
		Auszug vom: 02. Jan	Neuer Saldo	
		Ihr Dispo: 100.000,00 €		32.620,00 €

Buchung zu Beleg 4: Banküberweisung Büromiete im Januar 20.. (+1) für Dezember 20..

a) **Grundbuch**

Datum/Nr.	Geschäftsfall	Konto Soll	Konto Haben	Betrag Euro	Betrag Euro
31.12.	Miete für Büroräume für Dezember	Miete		2.000,00	
		Vorsteuer		380,00	
			Verbindlichk.		2.380,00

T-Konten

S	Miete	H
2.000,00		

S	Vorsteuer	H
380,00		

S	Verbindlichk.	H
		2.380,00

DATEV-Buchungsliste (SKR 03)

Soll	Haben	B	USt	K	Gegen-konto-Nr.	Beleg-Nr.	Beleg-Datum	Konto-Nr.	Text	Skonto
	2.380,00		9	0	4210		31.12.	1610		

DATEV-Buchungsliste (SKR 04)

Soll	Haben	B	USt	K	Gegen-konto-Nr.	Beleg-Nr.	Beleg-Datum	Konto-Nr.	Text	Skonto
	2.380,00		9	0	6310		31.12.	3310		

b) **Grundbuch**

Datum/Nr.	Geschäftsfall	Konto Soll	Konto Haben	Betrag Euro	Betrag Euro
02.01.	Übw. Büromiete Dez.	Verbindlichkeiten		2.380,00	
			HAMBA		2.380,00

T-Konten

S	Verbindlichkeiten	H
2.380,00		

S	HAMBA	H
		2.380,00

DATEV-Buchungsliste (SKR 03)

Soll	Haben	B	USt	K	Gegen-konto-Nr.	Beleg-Nr.	Beleg-Datum	Konto-Nr.	Text	Skonto
	2.380,00				1610		02.01.	1200		

DATEV-Buchungsliste (SKR 04)

Soll	Haben	B	USt	K	Gegen-konto-Nr.	Beleg-Nr.	Beleg-Datum	Konto-Nr.	Text	Skonto
	2.380,00				3310		02.01.	1800		

Beleg 5: Bankgutschrift im Dezember 20.. für Lagerraummiete Januar 20.. (+1)

Wie lautet die Buchung per 30.12.20..?

Kontoauszug	**Hamburger Bank, IBAN: DE17 2005 0550 1251 1234 00**			
Kontonummer	Kontobezeichnung		Vortrag vom	Auszug Nr.
1251/123400	INTER-FASHION Bekleidungsgroßhandel		29.12.20..	178
			Saldovortrag	19.620,00 €
Buchungstag	Wertstellung	Erläuterungen	Belastungen/Gutschriften	
30. Dez	30.12.	Gutschrift Lagerraummiete		1.190,00 €
		Januar 20.. (+1)		
		1.000,00 € + 19 % USt		
		Auszug vom: 30. Dez	Neuer Saldo	
		Ihr Dispo: 100.000,00 €		20.810,00 €

Buchung zu Beleg 5: Bankgutschrift im Dezember 20.. für Lagerraummiete Januar 20.. (+1)

Grundbuch

Datum/Nr.	Geschäftsfall	Konto Soll	Konto Haben	Betrag €	Betrag €
30.12.	Gutschrift Lagerraummiete Januar 20.. (+1), 1.000 € + 19 % USt	HAMBA		1.190,00	
			Passive RAP		1.000,00
			Umsatzsteuer		190,00

T-Konten

S	HAMBA	H
1.190,00		

S	Passive RAP	H
		1.000,00

S	Umsatzsteuer	H
		190,00

DATEV-Buchungsliste (SKR 03)

Soll	Haben	B	USt	K	Gegen-konto-Nr.	Beleg-Nr.	Beleg-Datum	Konto-Nr.	Text	Skonto
1.190,00			3	0	0990	178	30.12.	1200		

DATEV-Buchungsliste (SKR 04)

Soll	Haben	B	USt	K	Gegen-konto-Nr.	Beleg-Nr.	Beleg-Datum	Konto-Nr.	Text	Skonto
1.190,00			3	0	3900	178	30.12.	1800		

MERKE

Der Mietertrag betrifft das neue Wirtschaftsjahr und wird deshalb im alten Wirtschaftsjahr erfolgsneutral auf dem Konto „Passive Rechnungsabgrenzungsposten" erfasst.

Gemäß § 13 Abs. 1 Nr. 1 Buchst. a) Satz 4 UStG ist die auf das vereinnahmte Entgelt entfallende Umsatzsteuer bereits im Dezember 20 fällig.

Beleg 6: Banküberweisung im Dezember 20.. für Lagerraummiete Januar 20.. (+1)

Wie lautet die Buchung per 29.12.20..?

Kontoauszug	**Hamburger Bank, IBAN: DE17 2005 0550 1251 1234 00**			
Kontonummer	Kontobezeichnung		Vortrag vom	Auszug Nr.
1251/123400	INTER-FASHION Bekleidungsgroßhandel		28.12.20..	177
			Saldovortrag	21.940,00 €
Buchungstag	Wertstellung	Erläuterungen	Belastungen/Gutschriften	
29. Dez	29.12.	Lastschrift Lagerraummiete	2.380,00 €	
		Januar 20.. (+1)		
		2.000,00 € + 19 % USt		
		Auszug vom: 29. Dez	Neuer Saldo	
		Ihr Dispo: 100.000,00 €		19.560,00 €

Buchung zu Beleg 6: Banküberweisung im Dezember 20.. für Lagerraummiete Januar 20.. (+1)

Grundbuch

Datum/Nr.	Geschäftsfall	Konto Soll	Konto Haben	Betrag €	Betrag €
29.12.	Lastschrift Lagerraummiete Januar 20.. (+1), 2.000 € + 19 % USt	Aktive RAP		2.000,00	
		Vorsteuer		380,00	
			HAMBA		2.380,00

T-Konten

S	Aktive RAP	H
2.000,00		

S	Vorsteuer	H
380,00		

S	HAMBA	H
		2.380,00

DATEV-Buchungsliste (SKR 03)

Soll	Haben	B	USt	K	Gegen-konto-Nr.	Beleg-Nr.	Beleg-Datum	Konto-Nr.	Text	Skonto
	2.380,00		9	0	0980	177	29.12.	1200		

DATEV-Buchungsliste (SKR 04)

Soll	Haben	B	USt	K	Gegen-konto-Nr.	Beleg-Nr.	Beleg-Datum	Konto-Nr.	Text	Skonto
	2.380,00		9	0	1900	177	29.12.	1800		

MERKE

Der Mietaufwand betrifft das neue Wirtschaftsjahr und wird deshalb im alten Wirtschaftsjahr erfolgsneutral auf dem Konto „Aktive Rechnungsabgrenzungsposten" erfasst.

Gemäß § 15 Abs. 1 Nr. 1 Satz 2 UStG ist die Vorsteuer bereits vor Ausführung der Leistung abzugsfähig, wenn die Zahlung erfolgt ist und die Rechnung (hier Mietvertrag) vorliegt.

Beleg 7: Banküberweisung Lagerraummiete im Dezember 20.. für Lagerraummiete Dezember 20.. bis Februar 20.. (+1)

Wie lautet die Buchung per 29.12.20..?

Kontoauszug	**Hamburger Bank, IBAN: DE17 2005 0550 1251 1234 00**			
Kontonummer	Kontobezeichnung		Vortrag vom	Auszug Nr.
1251/123400	INTER-FASHION Bekleidungsgroßhandel		28.12.20..	177
			Saldovortrag	21.940,00 €
Buchungstag	Wertstellung	Erläuterungen	Belastungen/Gutschriften	
29. Dez	29.12.	ÜBW Lagerraummiete	3.570,00 €	
		Dez. 20.. bis Feb. 20.. (+1)		
		3.000,00 € + 19 % USt		
		Auszug vom: 29. Dez	Neuer Saldo	
		Ihr Dispo: 100.000,00 €		18.370,00 €

Buchung zu Beleg 7: Banküberweisung Lagerraummiete im Dezember 20.. für Lagerraummiete Dezember 20.. bis Februar 20.. (+1)

Grundbuch

Datum/Nr.	Geschäftsfall	Konto Soll	Konto Haben	Betrag €	Betrag €
29.12.	Überweisung Lagerraummiete Dez. 20.. bis Feb. 20.. (+1), 3.000 € + 19 % USt	Miete		1.000,00	
		Aktive RAP		2.000,00	
		Vorsteuer		570,00	
			HAMBA		3.570,00

T-Konten

S	Miete	H
1.000,00		

S	Aktive RAP	H
2.000,00		

S	Vorsteuer	H
570,00		

S	HAMBA	H
		3.570,00

DATEV-Buchungsliste (SKR 03)

Soll	Haben	B	USt	K	Gegen-konto-Nr.	Beleg-Nr.	Beleg-Datum	Konto-Nr.	Text	Skonto
	3.570,00		9	0	4210	177	29.12.	1200		
2.000,00					4210			0980		

DATEV-Buchungsliste (SKR 04)

Soll	Haben	B	USt	K	Gegen-konto-Nr.	Beleg-Nr.	Beleg-Datum	Konto-Nr.	Text	Skonto
	3.570,00		9	0	6310	177	29.12.	1800		
2.000,00					6310			1900		

MERKE

Der Mietaufwand, der das neue Wirtschaftsjahr betrifft, wird bei Zahlung im alten Wirtschaftsjahr erfolgsneutral auf dem Konto „Aktive Rechnungsabgrenzungsposten“ erfasst.

Gemäß § 15 Abs. 1 Nr. 1 Satz 2 UStG ist die Vorsteuer für die Miete Januar bereits vor Ausführung der Leistung abzugsfähig, da die Zahlung erfolgt ist und die Rechnung (hier Mietvertrag) vorliegt.

Beleg 8: Bankgutschrift im Dezember 20.. für Lagerraummiete Dezember 20.. und Januar 20.. (+1)

a) Wie lautet die Buchung per 30.12.20..?

b) Wie lautet die Buchung im neuen Jahr?

Kontoauszug	**Hamburger Bank, IBAN: DE17 2005 0550 1251 1234 00**			
Kontonummer	Kontobezeichnung		Vortrag vom	Auszug Nr.
1251/123400	INTER-FASHION Bekleidungsgroßhandel		29.12.20..	178
			Saldovortrag	19.620,00 €
Buchungstag	Wertstellung	Erläuterungen	Belastungen/Gutschriften	
30. Dez	30.12.	Gutschrift Lagerraummiete		2.380,00 €
		Dez. 20.., Jan. 20.. (+1)		
		2.000,00 € + 19 % USt		
		Auszug vom: 30. Dez	Neuer Saldo	
		Ihr Dispo: 100.000,00 €		22.000,00 €

Buchung zu Beleg 8: Bankgutschrift Lagerraummiete für Dezember 20.. und Januar 20.. (+1)

a) **Grundbuch**

Datum/Nr.	Geschäftsfall	Konto Soll	Konto Haben	Betrag Euro	Betrag Euro
30.12.	Bankgutschrift Lagerraummiete Dez. und Jan.	HAMBA		2.380,00	
			Mieterträge		1.000,00
			Passive RAP		1.000,00
			Umsatzsteuer		380,00

T-Konten

S	HAMBA	H
2.380,00		

S	Mieterträge	H
		1.000,00

S	Passive RAP	H
		1.000,00

S	Umsatzsteuer	H
		380,00

DATEV-Buchungsliste (SKR 03)

Soll	Haben	B	USt	K	Gegen-konto-Nr.	Beleg-Nr.	Beleg-Datum	Konto-Nr.	Text	Skonto
2.380,00			3	0	2750		30.12.	1200	Mieteinnahmen Dez. und Jan.	
1.000,00					0990			2750	Abgrenzung Miete Jan.	

DATEV-Buchungsliste (SKR 04)

Soll	Haben	B	USt	K	Gegen-konto-Nr.	Beleg-Nr.	Beleg-Datum	Konto-Nr.	Text	Skonto
2.380,00			3	0	4860		30.12.	1800	Mieteinnahmen Dez. und Jan.	
1.000,00					3900			4860	Abgrenzung Miete Jan.	

b) **Grundbuch**

Datum/Nr.	Geschäftsfall	Konto Soll	Konto Haben	Betrag Euro	Betrag Euro
01.01.	Umbuchung Mietertrag Januar	Passive RAP		1.000,00	
			Mieterträge		

T-Konten

S	Passive RAP	H
1.000,00		

S	Mieterträge	H
		1.000,00

DATEV-Buchungsliste (SKR 03)

Soll	Haben	B	USt	K	Gegen-konto-Nr.	Beleg-Nr.	Beleg-Datum	Konto-Nr.	Text	Skonto
	1.000,00				0990		01.01.	2750	Mieteinnahme Januar	

DATEV-Buchungsliste (SKR 04)

Soll	Haben	B	USt	K	Gegen-konto-Nr.	Beleg-Nr.	Beleg-Datum	Konto-Nr.	Text	Skonto
	1.000,00				3900		01.01.	4860	Mieteinnahme Januar	

MERKE

Der Mietertrag, der das neue Wirtschaftsjahr betrifft, wird bei Zahlungseingang im alten Wirtschaftsjahr erfolgsneutral auf dem Konto „Passive Rechnungsabgrenzungsposten" erfasst und im neuen Jahr erfolgswirksam wieder umgebucht. Gemäß § 13 Abs. 1 Buchst. a Satz 4 UStG ist die Umsatzsteuer für die Miete Januar bereits im Monat der Vereinnahmung (Dezember) fällig.

Beleg 9: Rechnung aus Dezember 20.. für Buchführungsgebühren November 20.., Überweisung Januar 20.. (+1)

a) Wie lautet die Buchung per 31.12.?

b) Wie lautet die Buchung per 14.01. bei Banküberweisung?

WICHMANN, SCHMITZ UND PARTNER

Wirtschaftsprüfer - Steuerberater - GbR

Wichmann, Schmitz und Partner GbR, Rödingsmarkt 9, 20459 Hamburg

INTER-FASHION
Bekleidungsgroßhandel
Im- und Export
Postfach 11 06
21451 Reinbek

Rechnungsnummer: 1287-12
Rechnungsdatum: 31.12.20..
Mandant: 68301
(Bitte bei Zahlung angeben)
Abr.-Zeitraum bis: Nov. 20..

Tel.: 040 - 560 888 444
E-Mail: wi@steuerpunkt.info

Für folgende in Ihrem Auftrag am 20.12.20.. ausgeführte Leistungen erlauben wir uns laut StBVV zu berechnen:

Bezeichung	Jahr	Einheiten Gegenstandswert	Tab.	Betrag
Buchführungsgebühren	Nov. 20..			400,00 €
Summe Gebühren				400,00 €
19 % Mehrwertsteuer				76,00 €
Zu zahlender Betrag				**476,00 €**

Bitte begleichen Sie den Rechnungsbetrag durch Überweisung auf eines der genannten Konten.

- Zahlungen werden auf die jeweils älteste offene Forderung angerechnet -

Mit freundlichen Grüßen

Dipl.-Kfm. Gerd Wichmann
Wirtschaftsprüfer, Steuerberater

HAMBA 14.01.

Unsere Steuernummer: 1234567890
Hamburger Bank:
IBAN: DE76 2005 0550 1011 2463 76

Buchung zu Beleg 9: Rechnung aus Dezember 20.. für Buchführungsgebühren November 20.., Überweisung Januar 20.. (+1)

a) **Grundbuch**

Datum/Nr.	Geschäftsfall	Konto Soll	Konto Haben	Betrag Euro	Betrag Euro
31.12.	Rechng. Buchführungsgeb. Monat November	Buchführungskosten		400,00	
		Vorsteuer		76,00	
			Verbindlichk.		476,00

T-Konten

S	Buchführungskosten	H
400,00		

S	Vorsteuer	H
76,00		

S	Verbindlichkeiten	H
		476,00

DATEV-Buchungsliste (SKR 03)

Soll	Haben	B	USt	K	Gegen-konto-Nr.	Beleg-Nr.	Beleg-Datum	Konto-Nr.	Text	Skonto
	476,00		9	0	4955		31.12.	1610		

DATEV-Buchungsliste (SKR 04)

Soll	Haben	B	USt	K	Gegen-konto-Nr.	Beleg-Nr.	Beleg-Datum	Konto-Nr.	Text	Skonto
	476,00		9	0	6830		31.12.	3310		

b) **Grundbuch**

Datum/Nr.	Geschäftsfall	Konto Soll	Konto Haben	Betrag Euro	Betrag Euro
14.01.	Übw. Buchführungsgeb. Monat November	Verbindlichkeiten		476,00	
			HAMBA		476,00

T-Konten

S	Verbindlichkeiten	H
476,00		

S	HAMBA	H
		476,00

DATEV-Buchungsliste (SKR 03)

Soll	Haben	B	USt	K	Gegen-konto-Nr.	Beleg-Nr.	Beleg-Datum	Konto-Nr.	Text	Skonto
	476,00				1610		14.01.	1200		

DATEV-Buchungsliste (SKR 04)

Soll	Haben	B	USt	K	Gegen-konto-Nr.	Beleg-Nr.	Beleg-Datum	Konto-Nr.	Text	Skonto
	476,00				3310		14.01.	1800		

Beleg 10: Lastschrift im Januar 20.. (+1) für Umsatzsteuer-Vorauszahlung November 20..

Wie lautet die Buchung?

Kontoauszug	**Hamburger Bank, IBAN: DE17 2005 0550 1251 1234 00**			
Kontonummer	Kontobezeichnung		Vortrag vom	Auszug Nr.
1251/123400	INTER-FASHION Bekleidungsgroßhandel		11.01.20.. (+1)	8
			Saldovortrag	27.650,00 €
Buchungstag	Wertstellung	Erläuterungen	Belastungen/Gutschriften	
12. Jan	12.01.	Lastschrift	4.689,00 €	
		Finanzamt Stormarn		
		USt-VZ. Nov. 20..		
		Auszug vom: 12. Jan	Neuer Saldo	
		Ihr Dispo: 100.000,00 €		22.961,00 €

Buchung zu Beleg 10: Lastschrift im Januar 20.. (+1) für Umsatzsteuer-Vorauszahlung November 20..

Grundbuch

Datum/Nr.	Geschäftsfall	Konto Soll	Konto Haben	Betrag €	Betrag €
12.01.	Lastschrift USt-Vorauszahlung November 20..	USt Vorjahr		4.689,00	
			HAMBA		4.689,00

T-Konten

S	USt Vorjahr	H
4.689,00		

S	HAMBA	H
		4.689,00

DATEV-Buchungsliste (SKR 03)

Soll	Haben	B	USt	K	Gegen-konto-Nr.	Beleg-Nr.	Beleg-Datum	Konto-Nr.	Text	Skonto
	4.689,00				1790	8	12.01.	1200		

DATEV-Buchungsliste (SKR 04)

Soll	Haben	B	USt	K	Gegen-konto-Nr.	Beleg-Nr.	Beleg-Datum	Konto-Nr.	Text	Skonto
	4.689,00				3841	8	12.01.	1800		

MERKE

Die Umsatzsteuer-Zahllast wird für die Monate November und Dezember des alten Jahres in der Bilanz unter den Verbindlichkeiten ausgewiesen und zu Beginn des neuen Jahres auf dem Konto Umsatzsteuer Vorjahr vorgetragen. Dementsprechend sind die Zahlungen für das alte Jahr gegen das Konto „Umsatzsteuer Vorjahr" zu buchen.

Beleg 11: Banküberweisung im Januar 20.. (+1) für Lagerraummiete Dezember 20.. bis Februar 20.. (+1)

a) Wie lautet die Buchung per 31.12.20..?

b) Wie lautet die Buchung per 15.01.20.. (+1)?

Kontoauszug	**Hamburger Bank, IBAN: DE17 2005 0550 1251 1234 00**			
Kontonummer	Kontobezeichnung		Vortrag vom	Auszug Nr.
1251/123400	INTER-FASHION Bekleidungsgroßhandel		14.01.20.. (+1)	12
			Saldovortrag	4.563,00 €
Buchungstag	Wertstellung	Erläuterungen	Belastungen/Gutschriften	
15. Jan	15.01.	ÜBW Lagerraummiete	3.570,00 €	
		Dez. 20.. bis Feb. 20.. (+1)		
		3.000,00 € + 19 % USt		
		Auszug vom: 15. Jan	Neuer Saldo	
		Ihr Dispo: 100.000,00 €		993,00 €

Buchung zu Beleg 11: Banküberweisung im Januar 20.. (+1) für Lagerraummiete Dezember 20.. bis Februar 20.. (+1)

a) **Grundbuch**

Datum/Nr.	Geschäftsfall	Konto Soll	Konto Haben	Betrag Euro	Betrag Euro
31.12.	Abgrenzung Lagerraummiete Dezember	Miete		1.000,00	
		Vorsteuer		190,00	
			Verbindlichk.		1.190,00

T-Konten

S	Miete	H
1.000,00		

S	Vorsteuer	H
190,00		

S	Verbindlichkeiten	H
		1.190,00

DATEV-Buchungsliste (SKR 03)

Soll	Haben	B	USt	K	Gegen-konto-Nr.	Beleg-Nr.	Beleg-Datum	Konto-Nr.	Text	Skonto
	1.190,00		9	0	4210		31.12.	1610		

DATEV-Buchungsliste (SKR 04)

Soll	Haben	B	USt	K	Gegen-konto-Nr.	Beleg-Nr.	Beleg-Datum	Konto-Nr.	Text	Skonto
	1.190,00		9	0	6310		31.12.	3310		

b) **Grundbuch**

Datum/Nr.	Geschäftsfall	Konto Soll	Konto Haben	Betrag Euro	Betrag Euro
15.01.	Überweisung Lagerraummiete Dezember bis Februar	Miete		2.000,00	
		Vorsteuer		380,00	
		Verbindlichkeiten		1.190,00	
			HAMBA		3.570,00

T-Konten

S	Miete	H
2.000,00		

S	Vorsteuer	H
380,00		

S	Verbindlichkeiten	H
1.190,00		

S	HAMBA	H
		3.570,00

DATEV-Buchungsliste (SKR 03)

Soll	Haben	B	USt	K	Gegen-konto-Nr.	Beleg-Nr.	Beleg-Datum	Konto-Nr.	Text	Skonto
	2.380,00		9	0	4210		15.01.	1610		
	3.570,00				1610			1200		

DATEV-Buchungsliste (SKR 04)

Soll	Haben	B	USt	K	Gegen-konto-Nr.	Beleg-Nr.	Beleg-Datum	Konto-Nr.	Text	Skonto
	2.380,00		9	0	6310		15.01.	3310		
	3.570,00				3310			1800		

MERKE

Die Miete für Dezember wird im alten Jahr als Aufwand erfasst. Die darauf entfallende Vorsteuer ist im Dezember abzugsfähig, da die Leistung erbracht und die Rechnung vorliegt (Mietvertrag). Die Zahlung der Miete für 3 Monate erfolgt im Januar, so dass im Januar die Voraussetzungen für den Vorsteuerabzug für die Monate Januar und Februar erfüllt sind, da die Zahlung erfolgt ist und eine ordnungsmäßige Rechnung für die beiden Monate vorliegt.

Beleg 12: Bankgutschrift im Februar 20.. (+1) für Umsatzsteuer-Erstattung Dezember 20..

Wie lautet die Buchung?

Kontoauszug	**Hamburger Bank, IBAN: DE17 2005 0550 1251 1234 00**			
Kontonummer	Kontobezeichnung		Vortrag vom	Auszug Nr.
1251/123400	INTER-FASHION Bekleidungsgroßhandel		23.02.20.. (+1)	55
			Saldovortrag	17.890,00 €
Buchungstag	Wertstellung	Erläuterungen	Belastungen/Gutschriften	
24. Feb	24.02.	Finanzamt Stormarm		2.169,00 €
		Erstattung USt Dez. 20..		
		Auszug vom: 24. Feb	Neuer Saldo	
		Ihr Dispo: 100.000,00 €		20.059,00 €

Buchung zu Beleg 12: Bankgutschrift im Februar 20.. (+1) für Umsatzsteuer-Erstattung Dezember 20..

Grundbuch

Datum/Nr.	Geschäftsfall	Konto Soll	Konto Haben	Betrag €	Betrag €
24.02.	Erstattung USt Dez. 20..	HAMBA		2.169,00	
			USt-Vorjahr		2.169,00

T-Konten

S	HAMBA	H
2.169,00		

S	USt-Vorjahr	H
		2.169,00

DATEV-Buchungsliste (SKR 03)

Soll	Haben	B	USt	K	Gegen-konto-Nr.	Beleg-Nr.	Beleg-Datum	Konto-Nr.	Text	Skonto
2.169,00					1790	55	24.02.	1200		

DATEV-Buchungsliste (SKR 04)

Soll	Haben	B	USt	K	Gegen-konto-Nr.	Beleg-Nr.	Beleg-Datum	Konto-Nr.	Text	Skonto
2.169,00					3841	55	24.02.	1800		

MERKE

In der Praxis ist es üblich eine Umsatzsteuer-Erstattung für das Vorjahr genauso zu buchen wie eine Umsatzsteuer-Vorauszahlung für das Vorjahr. Dementsprechend wurden hier die Konten 1790 und 3841 – allerdings im Haben – gebucht.

Beleg 13: Bankgutschrift im Februar 20.. (+1) für Umsatzsteuer früherer Jahre

Wie lautet die Buchung?

Kontoauszug	**Hamburger Bank, IBAN: DE17 2005 0550 1251 1234 00**			
Kontonummer	Kontobezeichnung		Vortrag vom	Auszug Nr.
1251/123400	INTER-FASHION Bekleidungsgroßhandel		23.02.20.. (+1)	55
			Saldovortrag	17.890,00 €
Buchungstag	Wertstellung	Erläuterungen	Belastungen/Gutschriften	
24. Feb	24.02.	Finanzamt Stormarm		2.169,00 €
		Erstattung USt –		
		Überzahlung 20.. (-1)		
		Auszug vom: 24. Feb	Neuer Saldo	
		Ihr Dispo: 100.000,00 €		20.059,00 €

Buchung zu Beleg 13: Bankgutschrift im Februar 20.. (+1) für Umsatzsteuer früherer Jahre

Grundbuch

Datum/Nr.	Geschäftsfall	Konto Soll	Konto Haben	Betrag €	Betrag €
24.02.	Erstattung USt für 20.. (-1)	HAMBA		2.169,00	
			USt-Forderung		2.169,00

T-Konten

S	HAMBA	H
	2.169,00	

S	USt-Forderung	H
AB	*2.169,00*	2.169,00

DATEV-Buchungsliste (SKR 03)

Soll	Haben	B	USt	K	Gegen-konto-Nr.	Beleg-Nr.	Beleg-Datum	Konto-Nr.	Text	Skonto
2.169,00					1545	55	24.02.	1200		

DATEV-Buchungsliste (SKR 04)

Soll	Haben	B	USt	K	Gegen-konto-Nr.	Beleg-Nr.	Beleg-Datum	Konto-Nr.	Text	Skonto
2.169,00					1425	55	24.02.	1800		

Beleg 14: Bankgutschrift im Mai 20.. für Gewerbesteuer-Erstattung früherer Jahre

Wie lautet die Buchung, wenn Ende 20.. (-2) mit einer Gewerbesteuer-Erstattung in Höhe von 1.400 € gerechnet wurde?

Kontoauszug	**Hamburger Bank, IBAN: DE17 2005 0550 1251 1234 00**			
Kontonummer	Kontobezeichnung		Vortrag vom	Auszug Nr.
1251/123400	INTER-FASHION Bekleidungsgroßhandel		23.05.20..	73
			Saldovortrag	45.623,00 €
Buchungstag	Wertstellung	Erläuterungen	Belastungen/Gutschriften	
24. Mai	24.05.	Gemeinde Reinbek		
		Erstattung Gewerbesteuer 20.. (-2)		1.589,00 €
		Auszug vom: 24. Mai	Neuer Saldo	
		Ihr Dispo: 100.000,00 €		47.212,00 €

Stadt Reinbek
- Der Magistrat -

21465 Reinbek, den 15.04.20..
Hamburger Str. 5 - 7

Telefon: 040/72 750 -0
Durchwahl: 040/72 750-234
Telefax: 040/72 29407

STADT REINBEK, 21462 REINBEK
2002/7793 1-9307/23361

INTER-FASHION
Bekleidungsgroßhandel
Im- und Export
Postfach 11 06
21451 Reinbek

Bescheid
für 20.. (-1) über die
Gewerbesteuer

Aktenzeichen: 1234567890

ID-Nummer: 9876543210

Festsetzung und Abrechnung

Art der Festsetzung
Der Bescheid ergeht nach $ 164 Abs. 1 AO unter dem Vorbehalt der Nachprüfung.

Festsetzung

	Gewerbesteuer €
Festgesetzt werden	12.411
Abzurechnen sind *Bereits getilgt sind*	14.000
Noch zu zahlen/zu erstatten ( )	-1.589
Bitte zahlen Sie Erstattung (-)	-1.589

Berechnungsgrundlagen zur Gewerbesteuer €
Gewerbesteuermessbetrag *3.200*

Auf diesen Betrag wurde der Hebesatz von 390 % angewendet.

Bankverbindungen

Postbank	IBAN: DE30 2001 0020 0013 6272 08	Sparkasse Holstein	IBAN: DE56 2135 2240 0020 0802 80
Volksbank Stormarn	IBAN: DE68 2019 0190 0003 3016 70	Deutsche Bank	IBAN: DE79 2007 0000 0972 2000 00
Hamburger Sparkasse	IBAN: DE55 2005 0550 1397 1201 12	Commerzbank	IBAN: DE90 2004 0000 0261 0335 00

Buchung zu Beleg 14: Bankgutschrift im Mai 20.. für Gewerbesteuer-Erstattung früherer Jahre

Grundbuch

Datum/Nr.	Geschäftsfall	Konto Soll	Konto Haben	Betrag €	Betrag €
24.05.	Erstattung Gewerbesteuer für 20.. (-2) per HAMBA	HAMBA		1.589,00	
			Steuerüberzahlung		1.400,00
			Steuererstattung Vorjahre		189,00

T-Konten

S	HAMBA	H
	1.589,00	

S	Steuerüberzahlung	H
AB	*1.400,00*	1.400,00

S	Steuererstattung	H
		189,00

DATEV-Buchungsliste (SKR 03)

Soll	Haben	B	USt	K	Gegen-konto-Nr.	Beleg-Nr.	Beleg-Datum	Konto-Nr.	Text	Skonto
1.589,00					1540	73	24.05.	1200		
	189,00				1540			2283		

DATEV-Buchungsliste (SKR 04)

Soll	Haben	B	USt	K	Gegen-konto-Nr.	Beleg-Nr.	Beleg-Datum	Konto-Nr.	Text	Skonto
1.589,00					1435	73	24.05.	1800		
	189,00				1435			7643		

Beleg 15: Gewerbesteuer-Nachzahlung für das Vorjahr

Wie lautet die Buchung, wenn Ende 20.. (-1) mit einer Gewerbesteuer-Nachzahlung in Höhe von 2.400 € gerechnet wurde?

Kontoauszug	**Hamburger Bank, IBAN: DE17 2005 0550 1251 1234 00**			
Kontonummer	Kontobezeichnung		Vortrag vom	Auszug Nr.
1251/123400	INTER-FASHION Bekleidungsgroßhandel		23.05.20..	77
			Saldovortrag	13.750,00 €
Buchungstag	Wertstellung	Erläuterungen	Belastungen/Gutschriften	
24. Mai	24.05.	Gemeinde Reinbek		
		Nachzahlung Gewerbesteuer 20.. (-1)	2.670,00 €	
		Auszug vom: 24. Mai	Neuer Saldo	
		Ihr Dispo: 100.000,00 €		11.080,00 €

Stadt Reinbek
- Der Magistrat -

21465 Reinbek, den 15.04.20..
Hamburger Str. 5 - 7

Telefon: 040/72 750 -0
Durchwahl: 040/72 750-234
Telefax: 040/72 29407

STADT REINBEK, 21462 REINBEK
2002/7793 1-9307/23361

INTER-FASHION
Bekleidungsgroßhandel
Im- und Export
Postfach 11 06
21451 Reinbek

Bescheid
für 20.. (-1) über die
Gewerbesteuer

Aktenzeichen: 1234567890

ID-Nummer: 9876543210

Festsetzung und Abrechnung

Art der Festsetzung
Der Bescheid ergeht nach $ 164 Abs. 1 AO unter dem Vorbehalt der Nachprüfung.

Festsetzung

	Gewerbesteuer €
Festgesetzt werden	12.470
Abzurechnen sind *Bereits getilgt sind*	9.800
Noch zu zahlen/zu erstatten (-)	2.670
Bitte zahlen Sie spätestens am 20.05.20..	2.670

Berechnungsgrundlagen zur Gewerbesteuer	€
Gewerbesteuermessbetrag	*3.200*

Auf diesen Betrag wurde der Hebesatz von 390 % angewendet.

Bankverbindungen

Postbank	IBAN: DE30 2001 0020 0013 6272 08	Sparkasse Holstein	IBAN: DE56 2135 2240 0020 0802 80
Volksbank Stormarn	IBAN: DE68 2019 0190 0003 3016 70	Deutsche Bank	IBAN: DE79 2007 0000 0972 2000 00
Hamburger Sparkasse	IBAN: DE55 2005 0550 1397 1201 12	Commerzbank	IBAN: DE90 2004 0000 0261 0335 00

Buchung zu Beleg 15: Gewerbesteuer-Nachzahlung für das Vorjahr

Grundbuch

Datum/Nr.	Geschäftsfall	Konto Soll	Konto Haben	Betrag €	Betrag €
24.05.	Nachzahlung Gewerbesteuer für 20.. (-2)	GewSt-Rückstellung		2.400,00	
		Steuer-Nachzahlung		270,00	
			HAMBA		2.670,00

T-Konten

S	GewSt-Rückstellung	H
2.400,00	*AB* *2.400,00*	

S	Steuer-Nachzahlung	H
270,00		

S	HAMBA	H
		2.670,00

DATEV-Buchungsliste (SKR 03)

Soll	Haben	B	USt	K	Gegen-konto-Nr.	Beleg-Nr.	Beleg-Datum	Konto-Nr.	Text	Skonto
	2.670,00				0956	77	24.05.	1200		
270,00					0956			2281		

DATEV-Buchungsliste (SKR 04)

Soll	Haben	B	USt	K	Gegen-konto-Nr.	Beleg-Nr.	Beleg-Datum	Konto-Nr.	Text	Skonto
	2.670,00				3035	77	24.05.	1800		
270,00					3035			7641		

Beleg 16: Lastschrift Kraftfahrzeugsteuer für 1 Jahr im Voraus

a) Wie ist zu buchen?

b) Nehmen Sie Stellung zum Unterschied zwischen Rechnungsabgrenzungsposten und sonstigen Verbindlichkeiten.

Kontoauszug	**Hamburger Bank, IBAN: DE17 2005 0550 1251 1234 00**			
Kontonummer	Kontobezeichnung		Vortrag vom	Auszug Nr.
1251/123400	INTER-FASHION Bekleidungsgroßhandel		31.07.20..	106
			Saldovortrag	4.356,00 €
Buchungstag	Wertstellung	Erläuterungen	Belastungen/Gutschriften	
1. Aug	01.08.	Lastschrift Kfz-Steuer		
		KraftSt-Nr.: 2127/OD IF 111/9		
		01.08.20.. - 31.07.20.. (+1)	87,00 €	
		Auszug vom: 01. Aug	Neuer Saldo	
		Ihr Dispo: 100.000,00 €		4.269,00 €

Hauptzollamt Itzehoe

Telefon: (0351) 48 34 - 555
E-Mail: info.kraftst@zoll.de

Kraftfahrzeugsteuernummer: 2127/OD IF 111/9

Bescheid über Kraftfahrzeugsteuer

Hauptzollamt Itzehoe, Postfach 14 34, 25504 Itzehoe

INTER-FASHION
Postfach 11 06
21451 REINBEK

Datum: 22.07.20..

Festsetzung	**EUR**
Die Steuer für das Fahrzeug mit dem amtl. Kennzeichen OD-IF 111 wird festgesetzt: für die Zeit vom 01.08.20.. bis 31.07.20.. (+1) auf jährlich	87,00

Grundlagen der Festsetzung

Fahrzeugart	Personenkraftwagen
Erstzulassungsdatum	28.06.20.. (-4)
zulässige Gesamtmasse	0 kg
Emmissionsschlüssel/ klasse	0462 Euro 5
Antriebsart	Fremdzünder (Ottomotor)
Hubraum	1.240 cm³, entspricht 13 angefangene 100 cm³
Hubraum	6,75 EUR je angefangene 100 cm³ nach § 9 Abs. 2 Nr. 2a) aa)
Steuersatz	KraftStG

Steuerberechnung

	EUR gerundet
vom 01.08.20.. bis 31.07.20.. (+1): 6,75 EUR x 13 angefangene 100 cm x 365 Tage/365 Tage	87,00

Bankverbindung: Bundeskasse in Kiel, IBAN: DE57 2000 0000 0020 0010 43, BIC: MARKDEF1200
Kassenzeichen: K10340927345

Buchung zu Beleg 16: Lastschrift Kraftfahrzeugsteuer für 1 Jahr im Voraus

a) **Grundbuch**

Datum/Nr.	Geschäftsfall	Konto Soll	Konto Haben	Betrag €	Betrag €
01.08.	Lastschrift Kfz-Steuer für 1 Jahr im Voraus	Kfz-Steuer		36,00	
		Aktive RAP		51,00	
			HAMBA		87,00

T-Konten

S	Kfz-Steuer	H
36,00		

S	Aktive RAP	H
51,00		

S	HAMBA	H
		87,00

DATEV-Buchungsliste (SKR 03)

Soll	Haben	B	USt	K	Gegen-konto-Nr.	Beleg-Nr.	Beleg-Datum	Konto-Nr.	Text	Skonto
	36,00				4510		01.08.	1200	5 Monate	
	51,00				0980				7 Monate	

DATEV-Buchungsliste (SKR 04)

Soll	Haben	B	USt	K	Gegen-konto-Nr.	Beleg-Nr.	Beleg-Datum	Konto-Nr.	Text	Skonto
	36,00				7685		01.08.	1800	5 Monate	
	51,00				1900				7 Monate	

b) Das Konto Sonstige Verbindlichkeiten ist zu verwenden bei Aufwendungen für das Abschlussjahr, deren Zahlung im neuen Jahr erfolgt.
Das Konto Rechnungsabgrenzungsposten ist zu verwenden bei Zahlungen im Abschlussjahr für Aufwendungen oder Erträge im neuen Jahr.

MERKE

Die Kfz-Steuer ist auf einem gesonderten Konto zu erfassen. Sie ist jeweils für ein Jahr im Voraus zu entrichten. Der auf das neue Jahr entfallende Aufwand ist über das Konto Aktive Rechnungsabgrenzungsposten abzugrenzen.

Beleg 17: Anlagenkarte BGA

Wie lautet die Buchung?

Anlagenkartei			
Konto:	0410/0650	Kontobezeichnung:	BGA
Inventar-Nr.	127	Inventarbezeichnung:	Epson-Multifunktionsdrucker
AHK-Datum:	14.01.20..	AfA-Beginn:	01.01.20..
AHK-Kosten:	1.200,00 €	Voraussichtliche Nutzungsdauer:	3 Jahre = 36 Monate
AfA-Art	linear	AfA-%:	33 ⅓ %

Abschreibungsplan	Anzahl der Monate	Höhe der AfA	Buchwert
1. Jahr	12	400,00 €	800,00 €
2. Jahr	12	400,00 €	400,00 €
3. Jahr	12	400,00 €	0,00 €
	36	**1.200,00 €**	

Buchung zu Beleg 17: Anlagenkarte BGA

Grundbuch

Datum/Nr.	Geschäftsfall	Konto Soll	Konto Haben	Betrag Euro	Betrag Euro
31.12.	AfA Multifunktionsdrucker	Abschreibungen		400,00	
			BGA		400,00

T-Konten

S	Abschreibungen	H
400,00		

S	BGA	H
		400,00

DATEV-Buchungsliste (SKR 03)

Soll	Haben	B	USt	K	Gegen-konto-Nr.	Beleg-Nr.	Beleg-Datum	Konto-Nr.	Text	Skonto
	400,00				4830		31.12.	0410		

DATEV-Buchungsliste (SKR 04)

Soll	Haben	B	USt	K	Gegen-konto-Nr.	Beleg-Nr.	Beleg-Datum	Konto-Nr.	Text	Skonto
	400,00				6220		31.12.	0650		

MERKE

Ein Multifunktionsdrucker ist selbstständig nutzbar. Die betriebsgewöhnliche Nutzungsdauer wird – wie bei EDV-Geräten üblich – mit 3 Jahren angenommen.

Beleg 18: Anlagenkarte GWG

Wie lautet die Buchung?

Anlagenkartei			
Konto:	0480/0670	Kontobezeichnung:	GWG bis 800,00 €
Inventar-Nr.		Inventarbezeichnung:	
AHK-Datum:	24.06.20..	AfA-Beginn:	01.01.20..
AHK-Kosten:	400,00 €	Voraussichtliche Nutzungsdauer:	1 Jahr
AfA-Art	linear	AfA-%:	100,00 %

Abschreibungsplan	Anzahl der Monate	Höhe der AfA	Buchwert
20..	12	400,00 €	0,00 €

BÄRTNER

Bärtner | Schöne Möbel - Große Bleichen 2 - 20354 Hamburg

INTER-FASHION
Bekleidungsgroßhandel
Im- und Export
Inh. Tobias Münster
Rathausstraße 32
21465 Reinbek

Rechnung 42933
Kunden-Nr. KA010062
Datum 24.06.20..
Seite 1

Auftrags-Nr.	Bestellung vom	Beratung	Bearbeitung	Tag der Lieferung / Telefon
06471	24.06.20..	Herr Voss	Frau Froese	24.06.20.. / 040/727 83 37

Pos.	Gegenstand	Menge	Preis	Gesamt
1	Aktenschrank mit Zieharmonikatüren Ausführung Buche	1	400,00 €	400,00 €

Betrag in bar dankend erhalten!
24.06.20.. *Moritz Voss*

Zahlungsbedingungen:
Zahlung innerhalb von 8 Tagen netto Kasse

Summe:	400,00 €
19 % MwSt:	76,00 €
Gesamtbetrag:	476,00 €

Bei der Zahlung erbitten wir die Angabe der Rechnungs- und Kundennummer. Wir danken für Ihren Auftrag

Unsere Steuernummer: 1234567890

Internationale Möbel für Büro und Wohnen GmbH
Große Bleichen 23 • 20354 Hamburg • Telefon 040/35 60 09-0 • Mail: info@moebel-baertner-international.com

Geschäftsführer: Werner Lindemann, Frank Anger-Lindemann, Manfred Trommler, Manfred Wohlgemuth
HRB 40 553 Hgb • IBAN: DE44 2007 0000 0000 3000 95

Buchung zu Beleg 18: Anlagenkarte GWG

Grundbuch

Datum/Nr.	Geschäftsfall	Konto Soll	Konto Haben	Betrag Euro	Betrag Euro
31.12.	Abschreibung GWG ≤ 800,00 €	Abschr. GWG		400,00	
			GWG		400,00

T-Konten

S	AfA GWG	H
400,00		

S	GWG	H
		400,00

DATEV-Buchungsliste (SKR 03)

Soll	Haben	B	USt	K	Gegen-konto-Nr.	Beleg-Nr.	Beleg-Datum	Konto-Nr.	Text	Skonto
	400,00				4860		31.12.	0480		

DATEV-Buchungsliste (SKR 04)

Soll	Haben	B	USt	K	Gegen-konto-Nr.	Beleg-Nr.	Beleg-Datum	Konto-Nr.	Text	Skonto
	400,00				6262		31.12.	0670		

MERKE

Abnutzbare bewegliche Wirtschaftsgüter des Anlagevermögens, die selbständig nutzbar sind und deren Anschaffungs- oder Herstellungskosten jeweils netto 800 € nicht übersteigen, können im Jahr der Anschaffung bzw. Herstellung sofort in voller Höhe als Betriebsausgaben abgezogen werden (vgl. § 6 Abs. 2 EStG).

Beleg 19: GWG Poolabschreibung

Wie lautet die Buchung?

Anlagenkartei			
Konto:	0485/0675	Kontobezeichnung:	Sammelposten GWG
Inventar-Nr.		Inventarbezeichnung:	
AHK-Datum:	20.12.20..	AfA-Beginn:	01.01.20..
AHK-Kosten:	1.800,00 €	Voraussichtliche Nutzungsdauer:	5 Jahre
AfA-Art	linear	AfA-%:	20,00 %

Abschreibungsplan	Anzahl der Monate	Höhe der AfA	Buchwert
1. Jahr	12	360,00 €	1.440,00 €
2. Jahr	12	360,00 €	1.080,00 €
3. Jahr	12	360,00 €	720,00 €
4. Jahr	12	360,00 €	360,00 €
5. Jahr	12	360,00 €	0,00 €
	60	**1.800,00 €**	

BÄRTNER

Bärtner | Schöne Möbel - Große Bleichen 2 - 20354 Hamburg

INTER-FASHION
Bekleidungsgroßhandel
Im- und Export
Inh. Tobias Münster
Rathausstraße 32
21465 Reinbek

Rechnung
44312
Kunden-Nr.
KA010062
Datum
20.12.20..
Seite 1

Auftrags-Nr.	Bestellung vom	Beratung	Bearbeitung	Tag der Lieferung / Telefon
9200	03.12.20..	Herr Voss	Frau Froese	20.12.20.. / 040/727 83 37

Pos.	Gegenstand	Menge	Preis	Gesamt
1	Aktenschrank mit Zieharmonikatüren – wie besichtigt – Ausführung Buche	1	850,00 €	850,00 €
2	Chefsessel Leder schwarz lt. Angebot	1	950,00 €	950,00 €

Zahlungsbedingungen:
Zahlung innerhalb von 8 Tagen netto Kasse ohne Skontoabzug

Summe:	1.800,00 €
19 % MwSt:	342,00 €
Gesamtbetrag:	2.142,00 €

Bei der Zahlung erbitten wir die Angabe der Rechnungs- und Kundennummer. Wir danken für Ihren Auftrag.

Unsere Steuernummer: 1234567890

Internationale Möbel für Büro und Wohnen GmbH
Große Bleichen 23 • 20354 Hamburg • Telefon 040/35 60 09-0 • Mail: info@moebel-baertner-international.com

Geschäftsführer: Werner Lindemann, Frank Anger-Lindemann, Manfred Trommler, Manfred Wohlgemuth
HRB 40 553 Hgb • IBAN: DE44 2007 0000 0000 3000 95

Buchung zu Beleg 19: GWG Poolabschreibung

Grundbuch

Datum/Nr.	Geschäftsfall	Konto Soll	Konto Haben	Betrag Euro	Betrag Euro
31.12.	GWG-Poolabschreibung	Abschr. a. Sammelp. GWG		360,00	
			Sammelp. GWG		360,00

T-Konten

S	Abschr. GWG	H
360,00		

S	Sammelp. GWG	H
		360,00

DATEV-Buchungsliste (SKR 03)

Soll	Haben	B	USt	K	Gegen-konto-Nr.	Beleg-Nr.	Beleg-Datum	Konto-Nr.	Text	Skonto
	360,00				4862		31.12.	0485		

DATEV-Buchungsliste (SKR 04)

Soll	Haben	B	USt	K	Gegen-konto Nr.	Beleg-Nr.	Beleg-Datum	Konto-Nr.	Text	Skonto
	360,00				6264		31.12.	0675		

MERKE

Gemäß § 6 Abs. 2a EStG kann für alle GWG, deren Anschaffungs- oder Herstellungspreis jeweils über 250 €, aber nicht höher als 1.000 € liegt, ein Sammelposten gebildet werden. Dieser für jeweils ein Wirtschaftsjahr gebildete Sammelposten wird dann 5 Jahre lang mit jährlich 20 % gleichmäßig abgeschrieben.

Buchungen zu Beleg: ______________

Grundbuch

Datum/Nr.	Geschäftsfall	Konto Soll	Konto Haben	Betrag Euro	Betrag Euro

T-Konten

S H S H S H

S H S H S H

S H S H S H

DATEV-Buchungsliste

Soll	Haben	B	USt	K	Gegen-konto-Nr.	Beleg-Nr.	Beleg-Datum	Konto-Nr.	Text	Skonto

SKR 03	Funktion	Bezeichnung
4830		Abschreibungen auf Sachanlagen
4855		Sofortabschreibungen GWG
4860		Abschreibungen auf aktivierte GWG
4862		Abschreibungen auf Sammelposten GWG
4910		Porto
4920		Telefon
4930		Bürobedarf
4955		Buchführungskosten
4970		Nebenkosten des Geldverkehrs
8120		Steuerfreie Umsätze nach § 4 Nr. 1a UStG
8125	AM	Steuerfreie innergemeinschaftl. Lieferungen § 4 Nr. 1b UStG
8315		Erlöse a. im Inland stpfl. EU-Lieferungen (19 % USt.)
8320		Erlöse aus im anderen EU-Land steuerpfl. Lieferungen
8400	AM	Erlöse 19 % USt
8590		Verrechnete sonstige Sachbezüge (keine Waren)
8720	AM	Erlösschmälerungen 19 % USt
8760	AM	Gewährte Boni 19 % USt
8801	AM	Erlöse aus Verkäufen Sachanlageverm.19 % USt (bei Buchverlust)
8820	AM	Erlöse aus Verk. Sachanlageverm. 19 % USt (bei Buchgewinn)
8910	AM	Entnahme durch den Untern, f. Zw.außerh. des U. 19 % Ust.

AM Automatische Errechnung der Umsatzsteuer
AV Automatische Errechnung der Vorsteuer
F Konto mit allgemeiner Funktion
S Sammelkonten

Bedeutung der Steuerschlüssel:
3 Umsatzsteuer 19 %
8 Vorsteuer 7 %
9 Vorsteuer 19 %
10 nicht steuerbarer Umsatz in Deutschland (Steuerpflicht im anderen EU-Land)

Bedeutung der Berichtigungsschlüssel:
2 Generalumkehr
4 Aufhebung der Automatik

Personenkonten		
Debitoren		
10001		A & C
10010		Adams Shop
10780		Habbe
10800		Jennys Boutique
11125		MFO Import & Export, Zürich (Schweiz)
11700		Reckewig
12200		Walorska, Maria, Warschau (Polen)
12400		Boutique Zwickel, Weißenburg (Frankreich)
Kreditoren		
70010		Bossi
70110		Brunetty, Bozen (Italien)
70200		CH Outdoor Kleidung, Zürich (Schweiz)
70710		Hugge
72230		Walterbek
72235		Wilhelmy

Kontenplan des Unternehmens

INTER-FASHION
BEKLEIDUNGSGROSSHANDEL IM- UND EXPORT

in Anlehnung an den DATEV-Kontenrahmen SKR 03

SKR 03	Funktion	Bezeichnung
0065		Unbebaute Grundstücke
0200		Technische Anlagen und Maschinen
0299		Anzahlungen auf technische Anlagen und Maschinen
0320		Pkw
0480		Geringwertige Wirtschaftsgüter
0485		GWG Sammelposten
0490		Sonstige Betriebs- und Geschäftsausstattung
0650		Verbindlichkeiten ggü Kreditinstituten - Restlaufzeit größer 5 Jahre
0956		Gewerbesteuerrückstellung nach § 4 Abs. 5b EStG
0980		Aktive Rechnungsabgrenzungsposten
0986		Damnum/Disagio
0990		Passive Rechnungsabgrenzung
1000	F	Kasse
1200	F	Bank
1360	F	Geldtransit
1410	F	Forderungen aus Lieferg. U. Leistungen ohne Kontokorrent
1510		Geleistete Anzahlungen auf Vorräte
1518	AV	Geleistete Anzahlungen 19 % Vorsteuer
1530		Forderungen gegen Personal aus Lohn- und Gehaltsabrechnung
1540		Forderungen aus Gewerbesteuerüberzahlungen
1545		Umsatzsteuerforderungen (Vorjahr)
1548		Vorsteuer im Folgejahr abziehbar
1576	S	Abziehbare Vorsteuer 19 %
1588	F	Bezahlte Einfuhrumsatzsteuer
1610	F	Verbindlichkeiten aus Lieferg. und Leistg. ohne Kontokorrent
1718	AM	Erhaltene, versteuerte Anzahlungen 19 % USt.(Verbindlichk.)
1740		Verbindlicheiten aus Lohn und Gehalt
1741		Verbindlichkeiten aus Lohn und Kirchensteuer
1742		Verbindlichkeiten im Rahmen der sozialen Sicherheit
1750		Verbindlichkeiten aus Vermögensbildung
1755		Lohn- und Gehaltsverrechnungskonto
1759		Voraussichtliche Betragsschuld ggü. SV-Trägern
1780		Umsatzsteuer-Vorauszahlungen
1790		Umsatzsteuer Vorjahr
1800		Privatentnahmen
1810		Privatsteuern
1820		Sonderausgaben beschränkt abzugsfähig
1860		Grundstücksaufwand
1880		Unentgeltliche Wertabgaben
1890		Privateinlagen
2103		Abzugsfähige steuerliche Nebenleistungen
2110		Zinsaufwendungen für kurzfristige Verbindlichkeiten
2120		Zinsaufwendungen für langfristige Verbindlichkeiten
2130		Diskontaufwendungen
2281		Gewerbest.-Nachzahlg. und -Erstattung, § 4 Abs.5b EStG

SKR 03	Funktion	Bezeichnung
2283		Erträge a.d.Auflösg. v. Gewerbest.-Rückst., § 4 Abs.5b EStG
2309		Sonstige Aufwendungen unregelmäßig
2310		Anlagenabgänge Sachanl. (Restbuchwert bei Buchverlust)
2315		Anlagenabgänge Sachanl. (Restbuchwert bei Buchgewinn)
2350		Abgaben für betrieblich genutzten Grundbesitz
2375		Grundsteuer
2650		Sonstige Zinsen und ähnliche Erträge
2670		Diskonterträge
2709		Sonstige Erträge unregelmäßig
2750		Grundstückserträge
3400	AV	Wareneingang 19 % Vorsteuer
3425	AV	Innergemeinschaftlicher Erwerb
3559		Steuerfreie Einfuhren
3760	AV	Erhaltene Boni 19 % Vorsteuer
3800		Bezugsnebenkosten
3850		Zölle und Einfuhrabgaben
4120		Gehälter
4125		Freiwillige soziale Aufwendungen, lohnsteuerpflichtig
4130		Gesetzliche soziale Aufwendungen
4138		Beiträge zur Berufsgenossenschaft
4144		Soziale Abgaben für Minijobber
4170		Vermögenswirksame Leistungen
4194		Pauschale Lohnsteuer für Minijobber
4195		Löhne für Minijobs
4210		Miete
4230		Heizung
4240		Gas, Strom, Wasser
4260		Instandhaltung betrieblicher Räume
4320		Gewerbesteuer-Vorauszahlungen
4510		Kfz-Steuer
4520		Kfz-Versicherungen
4530		Laufende Kfz-Betriebskosten
4540		Kfz-Reparaturen
4570		Mietleasing Kfz
4580		Sonstige Kfz-Kosten
4630		Geschenke abzugsfähig
4635		Geschenke nicht abzugsfähig
4640		Repräsentationskosten
4650		Bewirtungskosten
4653		Aufmerksamkeiten
4654		Nicht abzugsfähige Bewirtungskosten
4655		Nicht abzugsfähige Betriebsausgaben
4730		Ausgangsfrachten
4800		Reparaturen u. Instandhaltung v. techn. Anlagen und Maschinen
4805		Reparaturen und Instandhaltung von BGA

SKR 04	Funktion	Bezeichnung
6800		Porto
6805		Telefon
6815		Bürobedarf
6830		Buchführungskosten
6840		Nicht abzugsfähige Betriebsausgaben
6855		Nebenkosten des Geldverkehrs
6885	AM	Erlöse aus Verkäufen Sachanlageverm.19 % USt (bei Buchverlust)
6895		Anlagenabgänge Sachanl. (Restbuchwert bei Buchverlust)
6969		Sonstige Aufwendungen unregelmäßig
7100		Sonstige Zinsen und ähnliche Erträge
7130		Diskonterträge
7303		Abzugsfähige steuerliche Nebenleistungen
7310		Zinsaufwendungen für kurzfristige Verbindlichkeiten
7320		Zinsaufwendungen für langfristige Verbindlichkeiten
7340		Diskontaufwendungen
7610		Gewerbesteuer-Vorauszahlungen
7641		Gewerbesteuernachzahlg u. -erstattungen (§ 4 Abs. 5b EStG)
7643		Erträge a. d. Auflösg. v. Gewerbesteuerrückst. (§ 4 Abs. 5b EStG)
7680		Grundsteuer
7685		Kfz-Steuer

AM Automatische Errechnung der Umsatzsteuer
AV Automatische Errechnung der Vorsteuer
F Konto mit allgemeiner Funktion
S Sammelkonten

Bedeutung der Steuerschlüssel:
3 Umsatzsteuer 19 %
8 Vorsteuer 7 %
9 Vorsteuer 19 %
10 nicht steuerbarer Umsatz in Deutschland (Steuerpflicht im anderen EU-Land)

Bedeutung der Berichtigungsschlüssel:
2 Generalumkehr
4 Aufhebung der Automatik

Personenkonten		
Debitoren		
10001		A & C
10010		Adams Shop
10780		Habbe
10800		Jennys Boutique
11125		MFO Import & Export, Zürich (Schweiz)
11700		Reckewig
12200		Walorska, Maria, Warschau (Polen)
12400		Boutique Zwickel, Weißenburg (Frankreich)
Kreditoren		
70010		Bossi
70110		Brunetty, Bozen (Italien)
70200		CH Outdoor Kleidung, Zürich (Schweiz)
70710		Hugge
72230		Walterbek
72235		Wilhelmy

Kontenplan des Unternehmers

INTER-FASHION

BEKLEIDUNGSGROSSHANDEL IM- UND EXPORT

in Anlehnung an den DATEV-Kontenrahmen SKR 04

SKR 04	Funktion	Bezeichnung
0215		Unbebaute Grundstücke
0400		Technische Anlagen und Maschinen
0520		Pkw
0670		Geringwertige Wirtschaftsgüter
0675		GWG Sammelposten
0690		Sonstige Betriebs- und Geschäftsausstattung
0780		Anzahlungen auf technische Anlagen und Maschinen
1180		Geleistete Anzahlungen auf Vorräte
1186	AV	Geleistete Anzahlungen 19 % Vorsteuer
1210	F	Forderungen aus Lieferg. U. Leistungen ohne Kontokorrent
1340		Forderungen gegen Personal aus Lohn- und Gehaltsabrechnung
1406	S	Abziehbare Vorsteuer 19 %
1422		Umsatzsteuerforderungen (Vorjahr)
1433	F	Bezahlte Einfuhrumsatzsteuer
1434		Vorsteuer im Folgejahr abziehbar
1435		Forderungen aus Gewerbesteuerüberzahlungen
1460	F	Geldtransit
1600	F	Kasse
1800	F	Bank
1900		Aktive Rechnungsabgrenzungsposten
1940		Damnum/Disagio
2100		Privatentnahmen
2130		Unentgeltliche Wertabgaben
2150		Privatsteuern
2180		Privateinlagen
2200		Sonderausgaben beschränkt abzugsfähig
2300		Grundstücksaufwand
3035		Gewerbesteuerrückstellung nach § 4 Abs. 5b EStG
3170		Verbindlichkeiten ggü Kreditinstituten - Restlaufzeit größer 5 Jahre
3272	AM	Erhaltene, versteuerte Anzahlungen 19 % USt. (Verbindlichk.)
3310	F	Verbindlichkeiten aus Lieferg. und Leistg. ohne Kontokorrent
3720		Verbindlicheiten aus Lohn und Gehalt
3730		Verbindlichkeiten aus Lohn und Kirchensteuer
3740		Verbindlichkeiten im Rahmen der sozialen Sicherheit
3759		Voraussichtliche Betragsschuld ggü. SV-Trägern
3770		Verbindlichkeiten aus Vermögensbildung
3790		Lohn- und Gehaltsverrechnungskonto
3820		Umsatzsteuer-Vorauszahlungen
3841		Umsatzsteuer Vorjahr
3900		Passive Rechnungsabgrenzung
4120		Steuerfreie Umsätze nach § 4 Nr. 1a UStG
4125	AM	Steuerfreie innergemeinschaftl. Lieferungen § 4 Nr. 1b UStG
4315		Erlöse a. im Inland stpfl. EU-Lieferungen (19 % USt.)
4320		Erlöse a. im anderen EU-Land steuerpfl. Lieferungen
4400	AM	Erlöse 19 % USt

SKR 04	Funktion	Bezeichnung
4620	AM	Entnahme durch den Untern, f. Zw. außerh. des U. 19 % Ust.
4720	AM	Erlösschmälerungen 19 % USt
4760	AM	Gewährte Boni 19 % USt
4839		Sonstige Erträge unregelmäßig
4845	AM	Erlöse aus Verk. Sachanlageverm.19 % USt (bei Buchgewinn)
4855		Anlagenabgänge Sachanl.(Restbuchwert bei Buchgewinn)
4860		Grundstückserträge
4940		Verrechnete sonstige Sachbezüge (keine Waren)
5400	AV	Wareneingang 19 % Vorsteuer
5425	AV	Innergemeinschaftlicher Erwerb
5559		Steuerfreie Einfuhren
5760	AV	Erhaltene Boni 19 % Vorsteuer
5800		Bezugsnebenkosten
5840		Zölle und Einfuhrabgaben
6020		Gehälter
6035		Löhne für Minijobs
6036		Pauschale Lohnsteuer für Minijobber
6080		Freiwillige soziale Aufwendungen, lohnsteuerpflichtig
6080		Vermögenswirksame Leistungen
6110		Gesetzliche soziale Aufwendungen
6120		Beiträge zur Berufsgenossenschaft
6171		Soziale Abgaben für Minijobber
6220		Abschreibungen auf Sachanlagen
6260		Sofortabschreibungen GWG
6262		Abschreibungen auf aktivierte GWG
6264		Abschreibungen auf Sammelposten GWG
6310		Miete
6320		Heizung
6325		Gas, Strom, Wasser
6335		Instandhaltung betrieblicher Räume
6340		Abgaben für betrieblich genutzten Grundbesitz
6460		Reparaturen u. Instandhaltung v. techn. Anlagen und Maschinen
6470		Reparaturen und Instandhaltung von BGA
6520		Kfz-Versicherungen
6530		Laufende Kfz-Betriebskosten
6540		Kfz-Reparaturen
6560		Mietleasing Kfz
6570		Sonstige Kfz-Kosten
6610		Geschenke abzugsfähig
6620		Geschenke nicht abzugsfähig
6630		Repräsentationskosten
6640		Bewirtungskosten
6643		Aufmerksamkeiten
6644		Nicht abzugsfähige Bewirtungskosten
6740		Ausgangsfrachten